河北省城市洪水风险管理关键技术研究

赵逊　马素英　等 编著

中国水利水电出版社
www.waterpub.com.cn
·北京·

内 容 提 要

在全球气候变化与城市化过程耦合叠加下，由暴雨引发的城市局地洪涝灾害频发。城市洪涝灾害研究已成为当前国际灾害研究领域的前沿与热点问题。在河北省重点研发计划项目“河北省城市洪水风险管理关键技术研究与示范”的支持下，本书从城市内涝致灾机理研究出发，探讨了基于GIS的城市内涝特征提取技术、城市综合内涝模拟技术和城市洪水风险评估技术，形成了多功能集成式城市内涝灾害综合实时监测预警系统，并选取典型区域进行了实证研究。

本书可供从事城市洪涝灾害与应急管理研究的高校师生、科研院所研究人员及政府相关部门管理者阅读参考。

图书在版编目（CIP）数据

河北省城市洪水风险管理关键技术研究 / 赵逊等编著. -- 北京 : 中国水利水电出版社, 2022.12
ISBN 978-7-5226-1369-7

Ⅰ. ①河… Ⅱ. ①赵… Ⅲ. ①城市－防洪工程－风险管理－研究－河北 Ⅳ. ①TU998.4

中国版本图书馆CIP数据核字(2022)第256879号

书　　名	**河北省城市洪水风险管理关键技术研究** HEBEI SHENG CHENGSHI HONGSHUI FENGXIAN GUANLI GUANJIAN JISHU YANJIU
作　　者	赵　逊　马素英　等　编著
出版发行	中国水利水电出版社 （北京市海淀区玉渊潭南路1号D座　100038） 网址：www.waterpub.com.cn E-mail：sales@mwr.gov.cn 电话：（010）68545888（营销中心）
经　　售	北京科水图书销售有限公司 电话：（010）68545874、63202643 全国各地新华书店和相关出版物销售网点
排　　版	中国水利水电出版社微机排版中心
印　　刷	清淞永业（天津）印刷有限公司
规　　格	170mm×240mm　16开本　11.5印张　225千字
版　　次	2022年12月第1版　2022年12月第1次印刷
定　　价	**59.00**元

本书编委会

主　　编：赵　逊　马素英

副 主 编：魏　飒　王　昊　张大胜

编写人员：刘红亮　李新旺　杜晓强　昝朝静　张　静
付银环　刘长燕　张　玮　张昀保　魏斯斯
张彦平　赵莉花　白振江　段国芳　张　潮
王永亮　哈建强　赵　培　肖艳芳　张　爽
贾兆宾　韩瑞权　徐鹏翔　李　峰　程　鹏
郝庆宏　刘庆利　陈　星　侯　冬　段宇浩
李晓璐　杨晶晶　王　宁　高秀红　杨洪杰
王乙晶　蒋召伟　蔡建功　王　静　张　娜
李戈峰　田海莉　史伟彦　刘　艳　康　琪
杨子婷　顾宝群　周　伟　朱金焕　陈文彬
郎　超　何　蒙　孟详博　马晴晴　李彦林
范雷雷　马艳宝

前　言

洪水灾害是世界上发生最为频繁的自然灾害之一。城市洪涝是全球气候变化和城市化进程中产生的新问题，城市洪水灾害已成为影响经济社会可持续发展的重要威胁。随着对城市洪水灾害及其相关研究的不断深入，城市洪水风险管理作为一种重要的防洪非工程措施，日益受到防洪管理部门的重视。通过构建城市洪涝预报与调度模拟模型，为城市洪水风险管理、洪涝风险评估、防洪调度决策支持提供技术支撑，已经成为当前城市排水和防洪减灾领域亟须解决的一个科学问题。因此，在全球气候变化的大背景下，在我国防灾减灾政策要求下，以及在国内外相关研究的基础上，迫切需要开展基于大数据的高度城市化地区洪涝致灾机理、洪涝过程模拟技术及监测预警方面的研究，这对于我国城市洪涝灾害的科学防控具有重要的意义，也是城市防灾减灾与可持续发展的需要。

本书旨在针对河北省城市洪水风险管理存在的短板，以智能化洪涝灾害防治、提升防汛应急管理能力为导向，拟开展多因素全过程洪灾形成机理研究，解决多要素立体监测采集技术、多空间尺度的综合洪涝模拟技术和多目标动态风险评估技术，完成多功能集成式城市内涝灾害综合实时监测预警系统集成应用，最终形成适用于河北城市的洪水风险管理技术方法体系，并选择石家庄市和沧州市作为典型城市进行示范验证，为河北城市的防汛、内涝预警和应急调度提供决策依据和技术支持。

本书是在河北省重点研发计划项目“河北省城市洪水风险管理关键技术研究与示范”（项目编号：19275403D）的支持下，开展城市洪水风险管理研究的相关成果，在一定程度上反映了当前城市洪涝灾害的学科发展水平。本书共8章，第1章为概述，主要论述研究背景及意义、国内外内涝防治技术研究现状、研究目标及主要内容、研究方法和技术路线；第2章介绍城市洪水风险特征研究，并以石家庄市为例初步阐明了城市内涝致灾的机理；第3～5章分别探讨了基于GIS的城市内涝特征提取技术、城市综合内涝模拟技术和城市洪水风险评估技术，并分别开展相应的实证研究；第6章详细介绍了城市内涝监测预警技术，并对石家庄市城市内涝灾害监测预警系统的总体设计进行了详细说明；第7章为技术示范与推广，选取石家庄市和沧州市进行了技术应用并取得了良好的效果；第8章为结论与建议。

目前，城市洪涝灾害研究在理论、思路和技术手段上仍亟待积累资料，不断提升学科与研究水平。笔者希望本书的出版能为我国城市洪涝灾害的发展抛砖引玉，并在实践中指导科研院所、大专院校开展相关的科研工作，为政府加强城市洪涝灾害管理提供决策依据和参考借鉴。

本书数易其稿，但由于城市系统的复杂性、多变性，加之有关洪涝风险评估的理论、方法不尽完善，仍在探索之中，书中不妥在所难免，敬请读者批评指正。

作者

2022年11月于石家庄

目　录

第1章 概　　述

1.1 研究背景及意义

洪水灾害是世界上发生最为频繁的自然灾害之一。随着全球气候变化的不断加剧和城市化的快速发展，我国由暴雨引发的城市局地洪涝灾害频发，尤其是近几年来汛期“城市看海”现象日趋增多。由于城市化的快速发展，城市数量已由改革开放时不足200座，发展到现在的680多座，城市化进程中不透水地面面积增加，改变了降雨径流、汇流路径和方式等水文过程，城区的径流系数和洪峰流量增加，使洪涝灾害演变更加复杂。据《中国水旱灾害公报》统计，我国每年因水受淹或发生严重内涝的城市均达百座以上，洪涝灾害已成为当前我国城市最主要自然灾害之一。由城市洪涝引发的危害，暴露了城市基础设施建设与城市发展之间的矛盾。与发达国家和地区相比，我国城市普遍存在城市空间规划和土地开发利用与防洪治涝体系建设脱节、城市天然排水通道和蓄水空间萎缩、市政管网排水标准偏低、洪涝预报预警精度低、防洪排涝缺乏统一调度管理、应急措施不完善等问题，极大削弱了城市抵御暴雨内涝灾害的能力。联合国政府间气候变化专门委员会（Intergovernmental Panel on Climate Change，IPCC）报告指出全球气候变化很大程度上增加了城市极端暴雨和洪涝事件发生的可能性。可见，城市洪涝是全球气候变化和城市化进程中产生的新问题，城市洪水灾害已成为影响经济社会可持续发展的重要威胁。

河北地处华北地区东部，截至2020年年底，城区面积6320.88km^2，城区人口1796.20万人。城市化使城区的强对流及灾害性天气增多，城区不同类型降雨增雨显著，且降雨的年内分配有向主汛期集中的趋势，增加了城市的防洪排涝压力，同时城市化进程对降雨的影响还存在许多不确定因素。从近二十几年几场大暴雨分布来看，1996年8月4日石家庄市24h降雨量超过300mm，重现期在100年以上；2000年7月6日邯郸市基本处于暴雨中心，其24h降雨量为200mm，重现期接近20年，上述暴雨事件的发生基本都受到了城市化的影响。随着《京津冀都市圈区域规划》的出台，京津冀协同发展重大国家战略的深入，河北省将迎来加大节点城市扩容和中等城市发展的最好时机，并构建以首都北京为核心的京津冀世界级城市圈，这将会给城市水文、城市洪水风险管理带来更大压力和更多不确定性。因此，如何减缓城市洪水风险成为了河北省众多城市面临的重大挑战之一。

随着对城市洪水灾害及其相关研究的不断深入，城市洪水风险管理作为一种重要的防洪非工程措施，日益受到防洪管理部门的重视。随着城市基础地理、水利业务等数据质量和精度不断提升，城市洪涝预报与调度模拟技术得到较快发展，如何通过构建城市洪涝预报与调度模拟模型，为城市洪水风险管理、洪涝风险评估、防洪调度决策支持提供技术支撑，已经成为当前城市排水和防洪减灾领域亟须解决的一个科学问题。

因此，在全球气候变化的大背景下，在我国防灾减灾政策要求下，以及在国内外相关研究的基础上，迫切需要开展基于大数据的高度城市化地区洪涝致灾机理、洪涝过程模拟技术及监测预警方面的研究，这对于我国城市洪涝灾害的科学防控具有重要的意义，也是城市防灾减灾与可持续发展的需要。

1.2 国内外内涝防治技术研究现状

1.2.1 城市内涝模拟

城市内涝是影响城市安全的重要因素，国外对城市内涝过程的模拟研究较早，自20世纪60年代起，欧美等就开始对城市雨洪径流模型进行研究，并由最初相对简单的经验性和概念性模型发展到较为复杂的水动力学物理模型[1]。目前国外城市雨洪径流模型有数十种，如SWMM、MIKE URBAN、HSPF、InfoWorks CS、SLAMM、STORM、Stanford、SCS、Wallingford、SITEMAP、ISS、LLLUDAS、MOUSE、AGNPS、QQS、TRRL、DR3M－QUAL等[2-3]。常用的城市雨洪径流模型有SWMM、STORM、LLLUDAS、HSPF、InfoWorks CS及MIKE[4-5]。暴雨洪水管理模型（storm water management model，SWMM）是1971年由美国环保署（U.S. Environmental Protection Agency，USEPA）研发的，主要运用于城市暴雨洪水地表径流及其污染过程的模拟、城市低影响开发效果的模拟以及与其他模型软件的耦合应用模拟等方面[6]。InfoWorks CS模型是英国沃林福特水力研究院在1978年的沃林福特（Wallingford）程序基础上进行开发的，主要用于城市排水管网水力模型的建立、管网优化方案的评估和城市水资源管理[7]。MIKE URBAN模型是由丹麦水利研究所（Danish Hydraulic Institute，DHI）建立的，主要用于对降雨径流、河道管网以及水资源规划管理等进行模拟[8]。

国内对城市雨洪模型研究起步较晚，在20世纪80年代后期才开始比较系统的研究，但发展迅速，目前已取得了一定的成果。1990年岑国平[9]构建了我国首个完整的用于城市洪水模拟与城市雨水管道系统设计和校核的城市雨水径流计算模型（sustainable supply chain management，SSCM），该模型具有较高的精度。2005年天津市气象科学研究所和天津大学联合开发了以城市地表与明渠河道水流运动为主要模拟对象的城市暴雨内涝积水数学模型，对天津、南京、南昌三市的暴雨过程进行了验证，模拟精度相对较高[10]。2009年唐莉华等[11]建立了基于物理机理的分布式水文模型WHDM，模拟单场洪水的降雨径流过程，分析研究小流域的城市化发展对降雨-径流关系的影响。2014年李志锋等[12]基于序列快照模型，提出了基于CD－TIN的城区地表内涝淹没过程模拟的新方法，该方法模拟结果可靠。2018年侯精明等[13]建立了基于动力波方法的高效高分辨率城市雨洪过程数值模型，该模型可反映真实城市地表的高分辨率地形数据，精确模拟城市降雨径流及内涝积水过程。

1.2.2 城市内涝监测预警

城市内涝监测预警可以在积涝发生时对内涝状况进行实时、动态、连续监测预警，还可对城市内涝积水进行模拟预测、预报与可视化展示，对有效减少灾害损失起到至关重要的作用。城市内涝监测预警的研究主要有以下两个方面：

（1）基于监控的城市内涝监测预警研究。薛丰昌等[14]提出了基于视频监控数据的城市内涝实时监测方法，实现了城市内涝精细化监测预警；李小坤等[15]构建了由监控中心、通信网络以及现场监控终端RTU组成的城市排水管网（内涝）监控系统；梅鹍[16]基于视频监控、RTU、水位雨量传感、图像识别、GPRS、预警发布、物联网等技术研发设计了一套长沙城区内涝监测预警系统；潘卉等[17]设计了由监测中心、通信网络、前端监测设备和测量设备组成的城市水文防汛监测预警系统；Hategekimana等[18]基于水位传感器等物联网技术设计了内涝监测网络，开发了城市道路内涝情况实时信息监测预警系统，对城市道路内涝情况进行实时监测，并为公众提供短信服务；孙永尚等[19]通过安装水位传感器建立积水监测网络，采用B/S软件系统结构，构建了北京市内涝积水监测预警系统。

（2）基于城市内涝模拟仿真和GIS技术结合的城市内涝监测预警研究。叶青[20]采用了GIS技术结合城市暴雨内涝数值模型、气象监测业务等，构建了南宁市内涝气象监测预警系统。邵鹏飞等[21]利用移动GIS和云服务等技术，建立了具有道路积水实时展示、道路通行重要警告、汛情实景图片、政府信息通告等功能一体化的城市内涝监测预警信息系统；王玉玺等[22]采用GIS和RS技术，模拟城市地表与明渠河道水流运动，建立了城市内涝监测预警系统；位路阳[23]采用Java Web GIS技术，调用SWMM模型动态链接库，设计研发了城市暴雨内涝预警系统；景学义等[24]以二维不恒定流理论为基础建立的仿真模型为核心，以ArcView GIS软件为平台，构建了哈尔滨市暴雨内涝监测预警系统；

杨东等[25] 采用 GIS、数据库技术结合城市暴雨内涝数学模型，建立了成都市暴雨内涝预报预警系统；王清川等[26] 采用一维明渠非恒定流和二维非恒定流方程结合区域自动站雨量实时监测数据和精细化降水预报，在 GIS 平台上构建了廊坊城市积涝动态预报预警系统。

1.2.3 信息技术的应用

随着信息技术的快速发展，越来越多的信息技术被应用于城市内涝研究中，有 GIS、RS、GPS、水位雨量传感、基于北斗卫星监测等技术，而在城市内涝研究中主要应用的信息技术为 GIS 技术。

GIS 是地理学与空间信息学在计算机技术支撑下发展的产物，在城市内涝研究中，GIS 技术主要被用于以下三个方面：首先是管理和分析空间数据，用信息化的手段支持空间信息数据的采集、处理、建模、分析和显示，解决城市内涝数据的管理和分析问题；其次是通过建立基于 GIS 和网络技术，集监测、预报以及模拟一体化的城市内涝管理信息系统，为城市内涝的实时监测、积水过程的可视化显示和动态模拟提供强大的支持，减少城市内涝灾害损失；最后是 GIS 系统与雨洪模型进行集成，提高建模效率，有效管理空间数据。

王林等[27] 采用 GIS 技术结合数学计算模型，构建城市内涝灾害分析模型，对城市内涝灾害相关特征数据进行模拟和预测。陈波等[28] 通过使用 ArcView GIS 地理信息系统软件对武汉市的城市地理、工程设施、河道地形、气象监测、防涝调度等基础信息进行管理，采用 FORTRAN 语言建立了武汉市暴雨内涝数学模型，模拟不同重现期暴雨下的洪涝灾害，为城市合理规划和预防灾害提供重要的科学依据。Barco 等[29] 应用 GIS 技术对 SWMM 模型中大型城市的汇水区进行自动划分。薛春芳等[30] 基于 ArcView GIS 和城市内涝仿真模型，构建了西安城市强降水内涝预报预警系统，实现了城市内涝灾害的预警。魏军等[31] 建立基于 GIS 的石家庄市暴雨内涝数学模型，实现了内涝监测、模拟、预报、预警和发布等功能，为城市内涝预报服务提供了及时、准确及可视的决策支持。

1.2.4 同类技术研究目前存在的主要问题

基于上述城市洪水风险管理国内外相关研究进展分析可知，洪水风险管理中受灾可能性的技术研究中多以城市洪涝灾害特征和城市雨洪模拟为主。城市雨洪模型中最常用的模型为 SWMM 模型，该模型因其功能强大且模拟效果较好，在国内外得到了广泛应用。但在 SWMM 模拟研究中，由于基于不同情景的城市内涝模拟，情景往往是根据需要选择，可能会存在情景考虑不全，造成内涝模拟结果不全面。在城市内涝监测预警研究中，主要为基于监控的内涝监测预警研究和基于 GIS 技术与内涝模拟仿真的监测预警研究，而将内涝监控、模拟仿真和 GIS 技术结合的内涝监测预警研究较少。信息技术在城市内涝中的应用，主要为 GIS 技术与 SWMM 模型的紧密结合，但 GIS 技术在 SWMM 模型中大多被用来进行数据的分析和管理以及 SWMM 模型中各类参数的提取，而利用 GIS 技术强大的可视化功能，将 SWMM 模型与 GIS 技术进行集成开发构建城市内涝监测预警系统的研究较少。随着许多城市推出了城市暴雨内涝预警系统，通过构建应急管理平台提高了城市应急管理能力，但对于内涝预警系统的建立离不开政府相关防汛机构的合作，由于各单位的信息化建设、数字化建设水平不一，无法提供最新和最完整的城市地理信息、内涝历史数据、市政排水管网信息等，造成内涝预报的时效性不高。

1.3 目标及主要内容

本书针对河北城市洪水风险管理存在的短板，以智能化洪涝灾害防治、提升防汛应急管理能力为导向，拟开展一项基础研究、解决三项关键技术、完成一项集成应用，最终形成适用于河北城市的洪水风险管理技术方法体系，并选择石家庄市作为典型城市进行示范验证，为河北城市的防汛、内涝预警和应急调度提供决策依据和技术支持。

1. 基础研究：多因素全过程洪灾形成机理

城市化过程中，城市洪涝的水文特性与成灾机制发生着显著的变化，使城市型水灾显现出新的特点，具体表现为城市化使得不透水地面面积增加、地表持滞水及渗透能力减弱、产汇流时间缩短、地表径流量增大、河道洪峰流量成倍增加、洪峰提前、城市雨洪频率差别明显，使得原有防堤的防洪能力难以满足需要。因此，深入研究城市化和气候变化背景下城市极端降水特性的变化规律，城市长历时与短历时降水过程曲线差异，城市下垫面变化对城市产汇流影响机理，识别洪灾的驱动机制及因子，是亟待解决的重要基础研究。

2. 关键技术

(1) 多要素立体洪水风险信息监测采集技术。实时的洪水过程模拟及风险评估需要高时空分辨率的土地利用、降雨数据、高精度的地形数据、城市尺度上的排水管网数据，实时气象、水情、雨情、工情、人口分布、洪涝事件淹没位置、流速等数据。采用卫星、遥感、北斗导航、互联网、大数据、地理信息系统等新技术，研发基于物联网和多源异构信息融合的多要素立体精准监测技术体系，实现卫星影像数据、无人机遥感监测成果、热力图的人口动态图、城市交通监测数据、基于公众参与式地理信息系统（public participation GIS，PP-

GIS)、互联互通的洪灾现场人员及交通等涉灾数据、地面监测站网等多源多尺度观测数据的快速采集、高效传输及有效融合，构建天空地多源信息融合的一体化决策支持数据库。

(2) 多空间尺度的综合洪涝模拟技术。针对精细模拟计算较为复杂、运算时间长，大尺度模拟精度不够的问题，综合平衡数据可获得性、计算复杂性和评估精度，开展基于流域尺度的水文学模型模拟与关键位置的水力学模型模拟相结合的洪涝模拟技术，构建城市流域多空间尺度的综合洪涝模拟模型，解决大区域综合分析和点尺度精细计算之间的矛盾，在保证流域洪涝过程的趋势准确性基础上，提升关键部位积水风险模拟精度。

(3) 多目标动态洪水风险评估技术。基于自然灾害风险系统三要素理论及其相互作用机制，对内涝灾害风险的危险性、承灾体脆弱性和暴露性进行评估，建立一套评价城市内涝灾害风险各要素的指标评价体系并应用AHP方法确定各个指标的权重，构建城市内涝灾害风险评估模型，通过不确定性分析方法对城市内涝风险进行评估，并定量表示这种不确定性的大小，最后得到城市内涝灾害综合实时动态风险区划图。

3. 集成应用：多功能集成式城市内涝灾害综合实时监测预警系统

以本书提出的多要素立体洪水风险信息监测采集、多空间尺度的综合洪涝模拟、多目标动态洪水风险评估三项关键技术为基础，整合气象、水利等部门原有的防灾减灾系统，构建多功能集成式城市内涝灾害综合实时监测预警系统，包括5个模块：①内涝灾害监测模块，利用遥感、水位雨量站等多要素立体监测采集的数据；②内涝灾害风险评估模块，将实时数据作为驱动，对内涝灾害进行实时风险评估和区划；③内涝灾害风险预警模块，对评估结果进行分析，将预警信息与媒介（通信、电视等）相连接，及时将风险预警信息发布给相关利益群体；④防灾减灾方案，对产生积水道路或立交桥提出防灾与减灾方案；⑤灾后评估，对灾害系统进行误差评估，及时更新数据库、完善系统。

1.4 方法和技术路线

本书采取“基础规律—技术研发—模型构建—系统平台—示范应用”的全链条研发思路，研究洪灾的驱动因子，围绕洪水风险管理，基于大数据研发多要素立体洪水风险信息监测采集、多空间尺度的综合洪涝模拟、多目标动态洪水风险评估等三项关键技术，构建城市流域多空间尺度的综合洪涝模拟模型、城市内涝灾害风险评估模型，研发多功能集成式河北城市内涝灾害综合实时监测预警系统，选取典型区开展洪水风险管理技术示范工作。技术路线如图1.1所示。

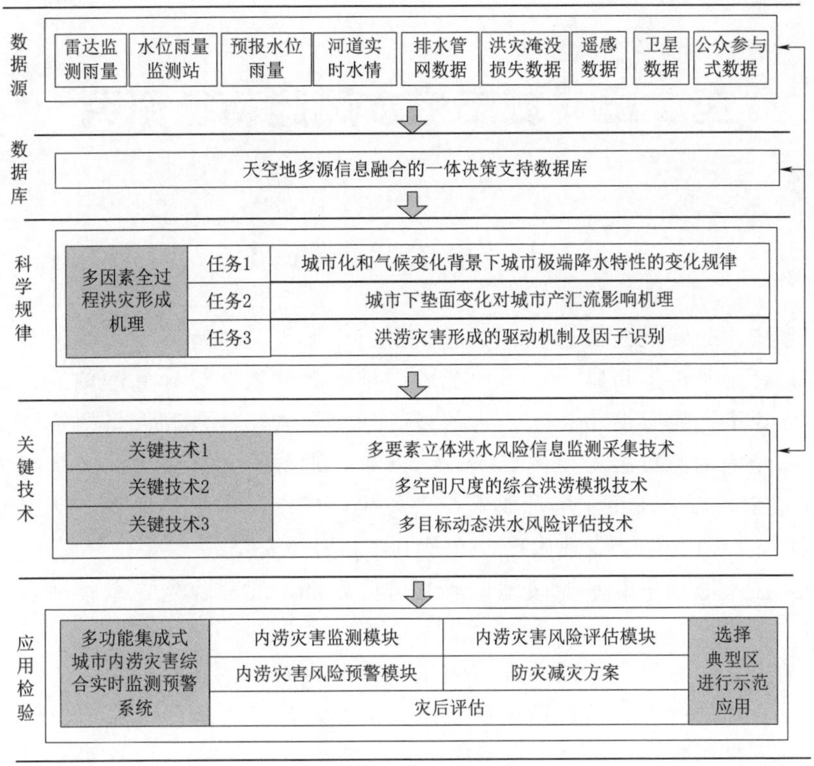
数据源
雷达监测雨量
水位雨量监测站
预报水位雨量
河道实时水情
排水管网数据
洪灾淹没损失数据
遥感数据
卫星数据
公众参与式数据
数据库
天空地多源信息融合的一体决策支持数据库
科学规律
多因素全过程洪灾形成机理
任务1
城市化和气候变化背景下城市极端降水特性的变化规律
任务2
城市下垫面变化对城市产汇流影响机理
任务3
洪涝灾害形成的驱动机制及因子识别
关键技术
关键技术1
多要素立体洪水风险信息监测采集技术
关键技术2
多空间尺度的综合洪涝模拟技术
关键技术3
多目标动态洪水风险评估技术
应用检验
多功能集成式城市内涝灾害综合实时监测预警系统
内涝灾害监测模块
内涝灾害风险评估模块
内涝灾害风险预警模块
防灾减灾方案
灾后评估
选择典型区进行示范应用

图 1.1 技术路线图

第2章　城市洪水风险特征研究

2.1　研究区概况

石家庄作为河北省省会城市，近年来由于城市化进程不断加快，不透水面面积增加，雨水渗透量减少，再加上城市排水管网系统设计标准偏低，排水系统的发展速度滞后于城市排水需求的增长速度，城市经济和人口的暴露量逐年增大，每年因内涝灾害产生的影响较为严重，常常会造成较大的经济损失。自21世纪以来，石家庄市干旱和洪灾交替发生，极端降雨事件频发，造成城区大范围积水，严重影响了农业生产、人民生命和财产安全。

石家庄市地处华北平原腹地，河北省中南部，北靠保定，东临衡水，西依太行山，距离北京273km，位置优越。近年来，石家庄市极端天气逐渐增多，城市内涝灾害时有发生，降雨强度超出城区排水管网的排水能力，造成城区大范围积水，损失严重，给城市居民生产生活、城市正常运转、城市形象等都带来严重的不良影响。据统计，石家庄中心城区易积水点多达40余处，最大积水深度达到3m，最长积水历时20h，如2015年8月30日、2016年7月19—20日的降雨都曾给石家庄市带来了大范围的内涝灾害。仅2020年石家庄市就发生了十几场强降雨，不仅造成居民人身、财产损失，还不利于社会稳定发展。因此，石家庄城市洪水风险管理服务工作亟须加强。

2.1.1　气候条件特殊性

石家庄市地处环渤海湾经济区，北靠首都北京和港口城市天津，东临渤海和华北油田，西依太行山脉并与山西省毗邻，介于东经113°30′～115°20′和北纬37°27′～38°47′之间，总面积15848km^2。

石家庄地处中低纬度亚欧大陆东缘，临近太平洋所属渤海海域，属于温带湿润半干旱大陆性季风气候。太阳辐射的季节性变化显著，地面的高低气压活动频繁，四季分明，寒暑分明，雨量集中于夏秋季节。四季明显，夏冬季长，春秋季短。春季长约55d，夏季长约105d，秋季长约60d，冬季长约145d。空气年平均湿度65%。春季降水量偏少，常有4级偏北风或偏南风，3—4月气温回升快；夏季，受海洋温湿气流影响，7—9月三个月降水占全年降水量的63%～70%，天气比较潮湿，7月和8月三伏天期间空气湿度高达100%；秋季，受蒙古高压影响，晴朗少雨，温度适中，气候宜人，空气湿度平均为78%，深秋多东北风，有寒潮天气发生；冬季，受西伯利亚冷高压的影响，盛行西北风，气候较冷，天气晴朗少云，常出现降雪。

石家庄年总降水量为401.1～752.0mm。其中西部山区雨量为628.4～752.0mm；其他地区为401.1～595.9mm。冬季降雪较多，总雪量为19.2～26.8mm。大雪虽给交通带来一些不便，但对小麦越冬起到保护作用，为春季返青提供了有利的水分条件。春季降水偏少，总雨量为11.0～41.7mm。夏季雨量大，十分集中，降雨量为500mm以上。

2.1.2 社会经济重要性

石家庄是国务院批复确定的中国京津冀地区重要的中心城市之一，是国务院批准实行沿海开放政策和金融对外开放城市，也是全国重要的商品集散地和北方重要的大商埠、全国性商贸会展中心城市之一、中国国际数字经济博览会永久举办地、中国（河北）自由贸易试验区组成部分。

石家庄自改革开放以来经济快速平稳发展，拥有较为完善的工业体系、优越的地理环境和庞大的市场。京广、石太、石德、朔黄四条铁路干线交汇于此，是中国铁路运输的主要枢纽之一，被誉为"南北通衢，燕晋咽喉"。石家庄市是河北省第一座、华北地区第三座拥有地铁的城市，也是全国第一座初始开通两条线路（地铁1号线、地铁3号线）的城市。石家庄是国家首批科技创新示范城市、国家半导体照明产业化基地、国家卫星导航产业基地、国家动漫产业发展基地、国家生物医药产业基地。

截至2020年，全市下辖8个区、11个县，代管3个县级市，行政区域总面积15848km^2，建成区面积338.16km^2。截至2021年年末，石家庄市常住人口1120.47万人。2021年，石家庄市实现生产总值6490.3亿元，按不变价格计算，比上年增长6.6%。其中，第一产业生产总值504.8亿元，增长6.1%；第二产业生产总值2107.1亿元，增长3.5%；第三产业生产总值3878.4亿元，增长8.2%。

2.1.3 内涝灾害严重性

石家庄市城区降水量主要集中在6—9月，占全年降水量的比例可达70%以上，且其中暴雨较为常见，易造成内涝灾害。1963年8月，石家庄市遭遇特大暴雨，降水量高达737mm，城区西侧暴雨引发山洪，与城区涝水汇积在一起，造成1.1万间房屋倒塌，32.6万亩农作物被淹，8.8万人受灾，200人以上伤亡，直接经济损失达0.5亿元。1996年8月，石家庄市特大暴雨造成了市区35处路段积水断交，197处路面发生塌陷，全市经济损失达8.1亿元。2010年7月

31 日，石家庄市再降特大暴雨，最大降雨量高达 98.2mm，造成石家庄交通大拥堵，城区部分路面处于水淹状态，更有 25 座地道桥中的 20 处因积水而断交，严重威胁了市民的生命和财产安全。2011 年 8 月 9 日的暴雨，最大降雨量达 127.7mm，造成市区 30 多处路段和道桥严重积水、断交，积水深度普遍在 30cm 左右，个别区域达 70～80cm，给居民出行造成不便甚至发生人员伤亡。2020 年 6 月 28 日，市主城区平均降雨量 71.9mm，造成 11 处地道桥和 11 处路段积水断交，严重影响了城市的交通运行。

综上，石家庄作为河北省省会，较河北省其他城市，在相同雨情和工情的前提下，由于人口密集、产业聚集，内涝灾害对家庭生活及产业运营均会产生更大的不利影响，会呈现出高损失的特点。同时考虑到石家庄市特殊的气候条件、地理位置和近年来严重的内涝灾害事件，急需提升内涝灾害防控能力，并需加强对中心城区、产业园区的防涝建设。因此选择石家庄市主城区作为典型区域研究，研究区东面以新元高速为界，西面以西三环路—太平河为界，北面以太平河—北二环东路为界，南面以南三环路为界，总面积为 223.49km^2。

2.2　城市洪水致灾成因及特征

石家庄洪水灾害主要有：西部山区夏季暴雨集中，导致的山洪暴发，经过滹沱河、太平河急剧下泄成灾，以及西南部方台沟、台头沟、金河、洨河洪水漫堤致灾。有历史记载较严重的洪灾发生在 1939 年、1954 年、1956 年、1963 年和 1996 年。

根据石家庄市城市洪水风险图研究成果，石家庄市针对城市洪涝的相关应对方案如下：

（1）根据目前市区西部防洪工程体系，对石家庄市主城区构成威胁的主要为滹沱河洪水。现状 50 年一遇洪水太平河河口下段滹沱河右岸即多处溢满，部分洪水通过石黄高速桥涵淹没南部区域，应尽快实施完善滹沱河右堤和小青河河口节制闸工程。

（2）太平河漫溢发生在本流域及滹沱河洪峰来临两个时间段，前者为太平河洪水，漫溢点是局部的、零散的，水量较小，淹没范围有限；后者主要为滹沱河倒灌洪水，漫溢为连续河段，漫溢时间长、水量大、淹没范围大，并与滹沱河分洪洪水连成一片。因此，在修建滹沱河右堤的同时，需同步加高太平河中下游河段堤防，以保证城区西北部防洪体系的完整统一，使防洪工程效益最大化。

（3）南泄洪渠五支渠以上段左岸为西三环兼防洪堤，标准较高，通过分析计算，洪水不会通过几座较大的穿堤桥梁进入市区；但沿线部分穿堤涵洞地势较低，发生洪水时需及时封堵。

(4) 石黄（太）高速公路、石津干渠在石家庄市制定的防御滹沱河、太平河超标准洪水防汛抢险总体布局中，作为第一、第二道防线是合适的。但随着高新区的快速发展，原来制定的防线长度已无法满足现状城区防洪的需要，需将防线延长至东三环，并最终延长至新京港澳高速公路。通过洪水分析计算，石黄高速公路在东三环互通附近 2.4km 的路段路基较低，200 年一遇分洪洪水将漫过此段路基进入南部城区，建议发生超 100 年一遇洪水时主动放弃第一道防线，退守第二道防线——石津干渠，并重点防御跨渠桥梁，特别是东二环桥。

(5) 建议按照石家庄市市区防洪规划中确定的规划防洪标准，尽快实施五支渠口下段西南防洪堤除险加固工程，规划防洪标准为 200 年一遇，确保主城区防洪安全。

(6) 通过对本次洪水风险图的编制，进一步证实将石太、石黄高速公路以北区域作为滹沱河超标准洪水通道的必要性。因此，希望石家庄市城建、规划等相关部门给予高度重视，在进行城市总体规划、土地利用规划等工作时，充分考虑洪水因素，一方面为洪水预留足够的通道，使洪水安全下泄；另一方面，避免因规划不当导致洪水造成沿线人员伤亡和严重的经济损失。

鉴于石家庄市洪水致灾成因及特征在石家庄市城市洪水风险图编制过程中有过详细研究，故不再作为本书的重点。本书重点关注其内涝致灾机理及相关模拟技术研究。

2.3 城市内涝致灾机理研究

因城市孕灾环境、致灾因子的不同，影响城市外洪、内涝致灾因素多样，过程复杂，因此需要开展洪涝致灾机理研究。城市外洪多为洪水或暴雨在河道内的传播，城市内涝多为洪水或暴雨在城市管网的传播。21 世纪以来，石家庄市洪水灾害较少，但由于城市化进程的加快，极端天气逐渐增多，暴雨强度超出排水管网的排水能力，造成城区大范围积水，内涝灾害不断，严重制约了城市的发展。本节研究立足于典型区实际情况，重点剖析其内涝致灾机理，从“降水—径流”双因素出发，开展降水时空变化、结构变化及大尺度大气环流相关性研究，全面表征降水时空特性，同时，基于地表产汇流计算原理，量化下渗与汇流过程，揭示地表径流空间分布特征。

2.3.1 降水空间分布特征分析

为有效分析石家庄市降水时空风险，研究收集了由河北省水文勘测研究中心提供的 1955—2015 年 38 个测量站的日降水数据集。由于所收集的原始日降水数据中存在数据缺失的问题，为保证数据系列的连续性和完整性，将数据丢失超过一年 5%的站点排除，而对于丢失数据很少的站点则是采用相邻站点数据线性回归插值的方式进行补充。经过上述处理，最终选择了具有 1955—2015 年的完整日降水量数据的 35 个测量站点作为本研究的基础数据，进行长时间序列（1955—2015 年）和短时间序列（2005—2015 年）降水时空分析。根据所收集的日降水量数据，总结每日数据值以获取每月、每季和每年的降水总量。对于一年中的季节，将 12 月至次年 2 月定义为冬季，3—5 月定义为春季，6—8 月定义为夏季，9—11 月定义为秋季。

为了分析气候变化背景下区域大气环流对降水的影响，本书从中国气象局（China Meteorological Administration，CMA）的气候数据中心（climate diagnostics center，CDC）获取了南方涛动指数（Southern Oscillation index，SOI）和厄尔尼诺南方涛动（EI Niño - Southern Oscillation，ENSO）两种大型的海洋和大气环流模式，以及东亚夏季风指数（East Asian Summer Monsoon Index，EASMI）和南亚夏季风指数（South Asian Summer Monsoon Index，SASMI）两种夏季风指数，其中 EASMI 与太平洋和欧亚大陆的陆海热对比有关，SASMI 与印度洋和欧亚大陆的陆海热对比有关。

2.3.1.1 长时间序列降水时空变化特征

1. 降水年际趋势分析

通过收集石家庄市 35 个降水测量站点的降水数据并进行整理，对 1955—2015 年期间的日降水数据进行分析，以线性方程对降水数据进行年平均和季节降水趋势分析，如图 2.1 所示。石家庄市近 61 年年均降水量为 517.18mm，整体呈下降趋势，降水倾向率为 1.327mm/年，1963 年年降水量出现最大值，为 998.93mm；1972 年出现最小值，为 247.14mm，可见区域年际变化差异明显。由 5 年滑动平均曲线可知，石家庄年降水量呈波动下降趋势，20 世纪 60 年代中期以前为上升，此后 20 年以下降为主，80 年代中期后 10 年呈小幅度上升趋势，90 年代中期后呈先下降又上升趋势。从不同季节上看，夏季多年平均降水量占年降水量的 66.7%，占据年降水量的大部分，降水量呈现下降趋势，降水倾向率为 1.474mm/年；而春季降水量呈现上升趋势，秋季、冬季降水量变化趋势不明显。

2. 降水空间分布特征分析

为进一步检验石家庄降水的空间分布趋势，采用非参数 Mann - Kendall（M - K）检验法进行分析，通过 M - K 检验法分析趋势，并采用 Kendall 倾斜度（β）量化趋势变化，分析降水相关指数的意义。其计算步骤如下：

（1）计算统计量（S），并作显著性检验，公式如下：

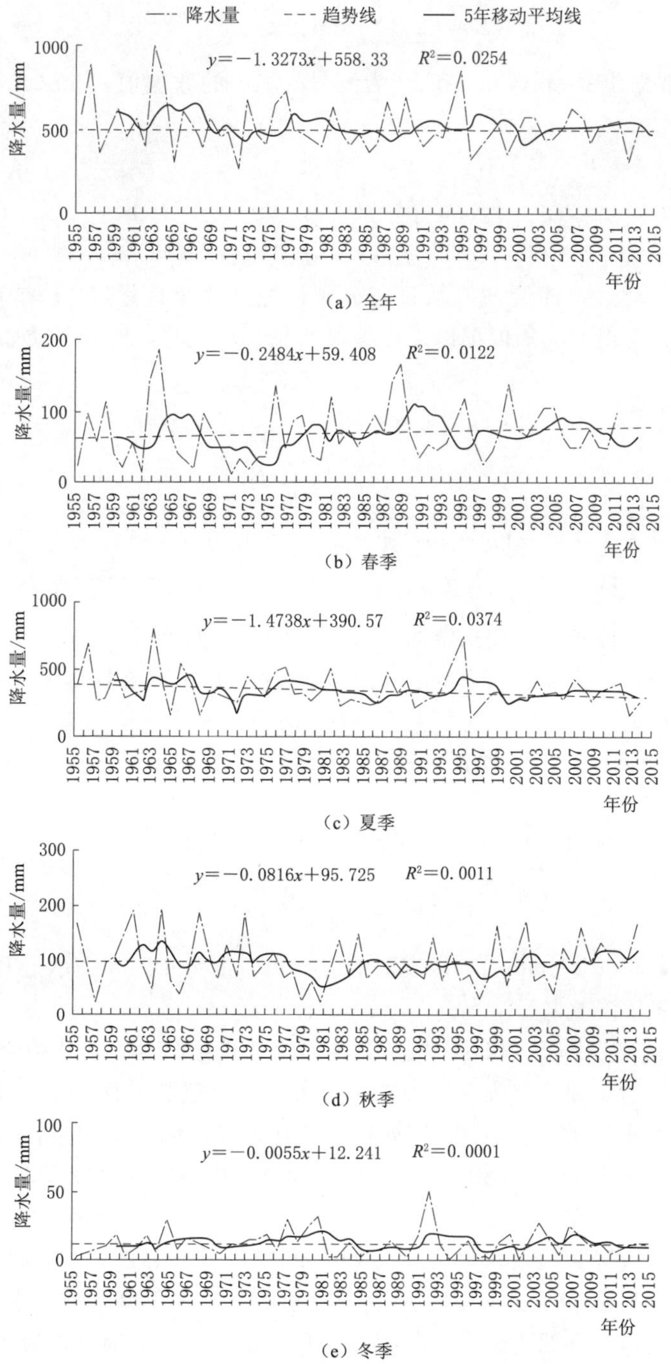

图 2.1 研究区长时间降雨序列降水变化趋势图

$$S=\sum_{i=1}^{n-1}\sum_{j=i+1}^{n}\operatorname{sgn}(x_j-x_i) \tag{2.1}$$

式中：n 为数据集的编号；x_i 和 x_j 为编号 i 和 j 的数据值；$\operatorname{sgn}(x_j-x_i)$ 为符号函数。

$$\operatorname{sgn}(x_j-x_i)=\begin{cases}1, x_j>x_i\\0, x_j=x_i\\-1, x_j<x_i\end{cases} \tag{2.2}$$

当 $n>10$ 时，统计量 S 服从正态分布。标准化统计量（Z）是在对 S 进行标准化计算后获得的。Z 值可以用作趋势的显著性检验，计算公式如下：

$$Z(S)=\begin{cases}(S-1)/\sqrt{\operatorname{var}(S)}, & S>0\\0, & S=0\\(S+1)/\sqrt{\operatorname{var}(S)}, & S<0\end{cases} \tag{2.3}$$

$$\operatorname{var}(S)=\frac{n(n-1)(2n+5)-\sum_{i=1}^{m}t_i(i-1)(2t+5)}{18} \tag{2.4}$$

双边的趋势检验中，在给定的 α 置信水平上，如果 $Z\geqslant Z(1-\alpha/2)$，则原假设是不可接受的，即在 α 置信水平上，时间序列数据存在明显的上升或下降趋势。对于统计量 Z，大于 0 时是上升趋势；小于 0 时是下降趋势。Z 的绝对值在大于等于 1.28、1.64、2.32 时，分别表示通过了置信度 90%、95%、99%的显著性检验。

（2）Kendall 倾斜度（β）计算如下：

$$\beta=\operatorname{media}\left(\frac{x_j-x_i}{j-i}\right), j>i \tag{2.5}$$

式中：$1\leqslant j<i\leqslant n$，media() 代表取中值，当 β 值为正时，表示上升趋势；当 β 为负时，表示下降趋势。

通过对 1955—2015 年 35 个测量站的日降水数据集进行上述两个步骤的计算分析，石家庄的年和季节降水量的空间分布和变化趋势如图 2.2 和图 2.3 所示，可以看出石家庄市的年降水量自西北向东南递减，最大降水量出现在南营站，年降水量为 668.13mm；最小降水量出现在刘海庄站，年降水量为 442.95mm。其中分布于石家庄东北部地区的新乐、正定、藁城、无极等地的 8 个站点的年降水量呈上升趋势，但仅东长寿站通过了 90%以上显著性检验，说明降水上升趋势不明显。超过 77%的站点显示了下降趋势，降水下降趋势显著的地区主要集中在石家庄西北和西南地区，其中井陉县出现最大下降幅度，为 2.66mm/年。

西部地区的春季降水量明显大于东部地区，最大降水量在辛庄站，为 83.9mm；最小降水量在刘海庄站，为 53.89mm。石家庄市春季所有降水站点的β值均大于0，降水呈上升趋势，且有5个站点、7个站点、4个站点分别超过了90%、95%、99%的显著性检验，这些显著上升的站点主要位于东部和北部区域。夏季降水量分布与全年分布相似，最大降水量在南营站，为477.79mm；最小降水量的站点在张古庄站，为298.28mm。85%以上的站点夏季降水量呈下降趋势，11个站点超过了95%的显著性检验，并且有1个站点超过了99%的显著性检验，显著下降区域位于石家庄的西北部和南部地区。秋季在西北部陈庄站降水量较大，在东部赵县站的降水量最小。冬季降水量都较小，范围为9.58～14.51mm，秋季和冬季大概各有一半的站点处于上升或下降趋势，且变化趋势不显著。

秋季降水的空间分布与年降水的空间分布基本一致。54.3%的站点呈正趋势，主要分布在北部地区，南部地区以负趋势为主（$\beta<0$）。各站点趋势变化幅度均未通过显著性检验，变化范围为－0.11～0.12mm/年。

3. 降水日数与降水强度变化趋势分析

通过M－K检验和β值对降水量、降水日数和降水强度3个降水相关指标进行了趋势分析，其中降水日数指单位时间有降水的天数（日降水量大于等于0.1mm的阈值）。石家庄市多年平均降水日数为65.1d，其中，小觉站多年平均降水日数最大，为76.8d；刘海庄站多年平均降水日数最小，为50.5d。大部分地区（74.3%的站点）年降水日数呈上升趋势，且通过90%、95%、99%的显著性检验的站点分别有3个、3个、10个；20%的站点年降水日数呈下降趋势，且在八一水库站、新乐站降水日数下降趋势显著，变化率均超过－11d/10年，如图2.2所示。从季节来看，夏季降水日数最多，平均值为30.8d；冬季降水日数最小，平均值5.8d。总体来看，春季、秋季降水日数分别呈上升、下降趋势，且分别有62.86%、51.43%的站点通过显著性检验。夏季变化趋势存在较大空间差异，上升、下降、无变化的趋势站点比例分别为45.71%、34.29%、20%。冬季降水日数总体无太大变化。

4. 降水强度变化趋势分析

降水强度是指单位时间内的降水量。本书以年（季节）降水量除以年（季节）降水日数，获得研究期（1955—2015年）石家庄年（季节）降水强度。石家庄多年平均降水强度为8.13mm/d，整体呈下降趋势；夏季降水强度为11.2mm/d，远大于其他季节，春季和秋季降水强度相似（5～6mm/d），冬季降水强度最小，仅为1.98mm/d。图2.3（c）为石家庄年或季节的降水强度变化率空间分布情况。91%以上的站点年降水强度呈下降趋势，且分别有2.85%、17.14%、40%的站点通过了90%、95%、99%以上的显著性检验，最大下降率为0.97mm/10年（南营站）。74%以上的站点春季降水强度呈上升趋势，在新乐、藁城一带增加趋势最为显著，最大增加率为0.61mm/10年。夏季

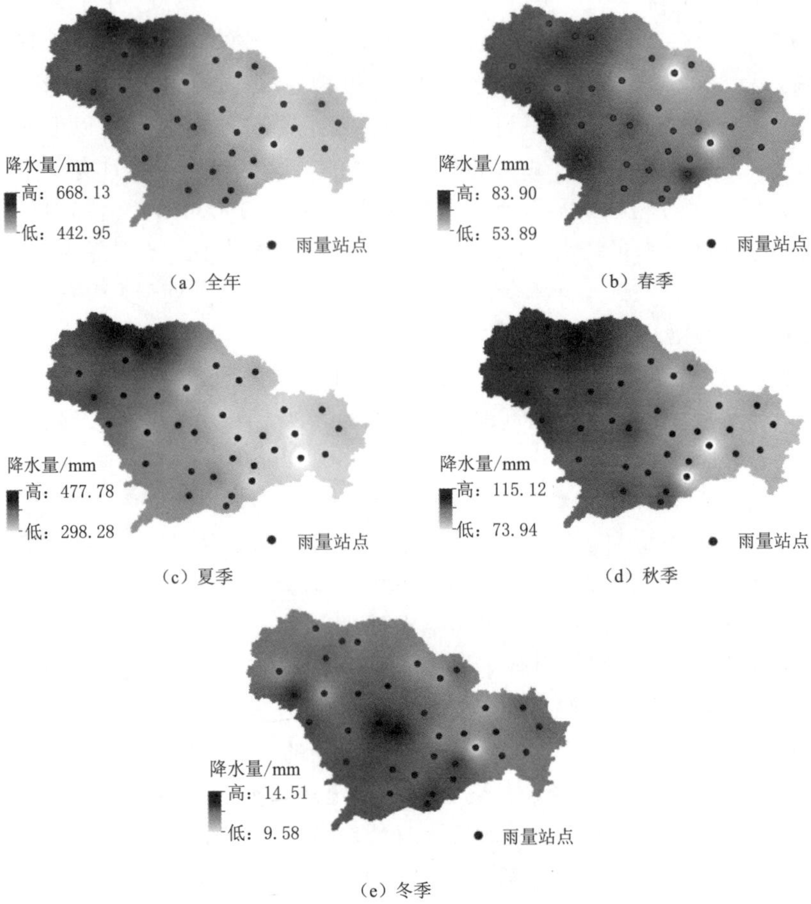

图 2.2 长时间序列降水空间分布图

(85.7%)、秋季（68.6%）和冬季（57.1%）降水强度均以下降趋势为主。夏季降水强度在灵寿、井陉等地下降趋势最为显著，最大下降率为 1.14mm/10 年。秋季降水强度在井陉、平山下降趋势明显，最大下降率为 0.57mm/10 年，在高邑、石家庄市区等少数地方呈现微弱的上升趋势；冬季降水强度在晋州、深泽一带下降趋势明显。

2.3.1.2 短时间序列降水时空变化特征

1. 降水时间变化趋势分析

2005—2015 年石家庄年均降水量 494.64mm，整体呈下降趋势，降水倾向斜率为 4.7mm/年，2008 年年降水量出现最大值为 626.72mm，2014 年出现最小值为 302.53mm。可见区域年际变化差异明显。2004—2008 年降水量呈上升趋势，2008—2015 年降水量逐步下降。从不同季节上来看，夏季多年平均降水

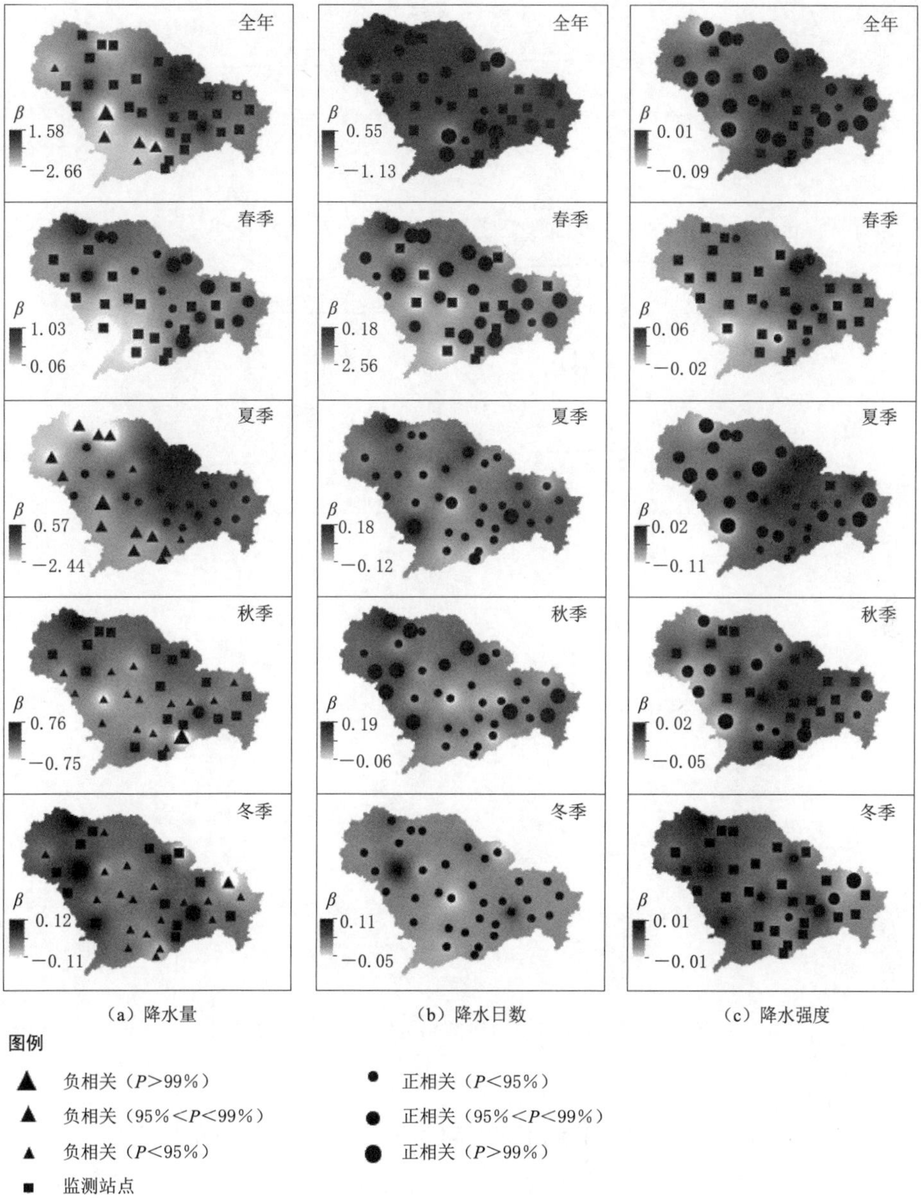

图 2.3 长时间序列降水量变化率空间分布图

量占年降水量的 63.4%，占据年降水量的大部分，降水量呈下降趋势，降水倾向率为 2.1mm/年。而秋季降水量则呈上升趋势，降水倾向率为 5.3mm/年。同时春季和秋季降水量同样呈下降趋势（图 2.4）。

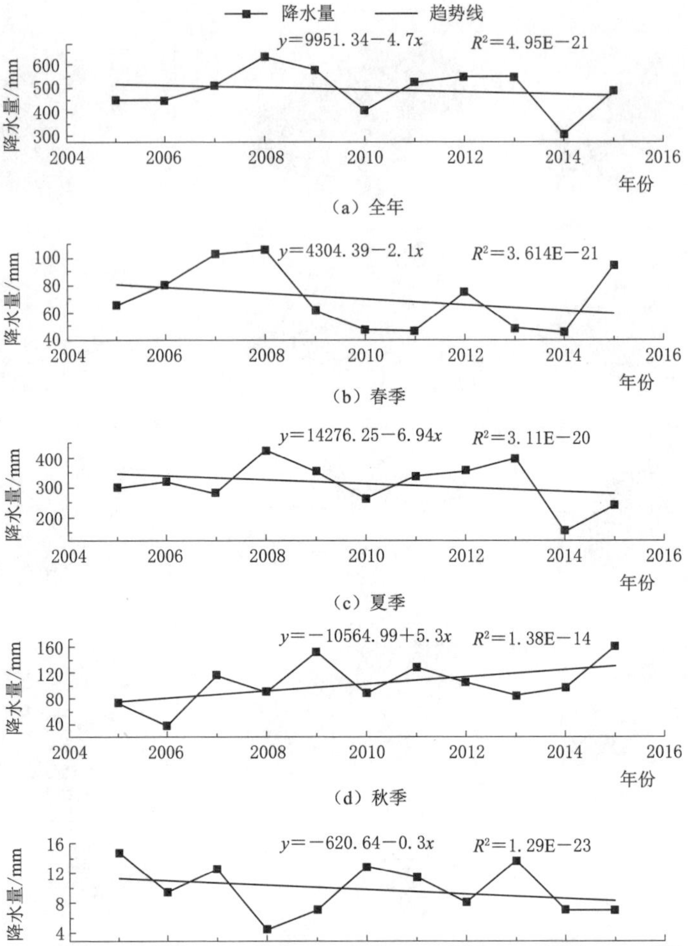

图 2.4 短时间序列下年和季节降水的变化趋势图

2. 降水空间变化趋势分析

如图 2.5 所示，从短时间系列下年和季节降水的空间分布情况，可以看出石家庄年降水量从自西北向东南递减。年均最大降水量出现在陈庄站，年降水量为 655.78mm；年均最小降水量出现在总十庄站，年降水量为 422.74mm。仅辛庄站 1 个站点呈上升趋势，通过了 95%以上的显著性检验，总体上上升趋势并不明显。有 3 个站点显示出下降趋势，集中分布在石家庄西部北治、温塘和小觉，都通过了 90%以上的显著性检验。可见 2005—2015 年石家庄降水并无显著上升或下降趋势。

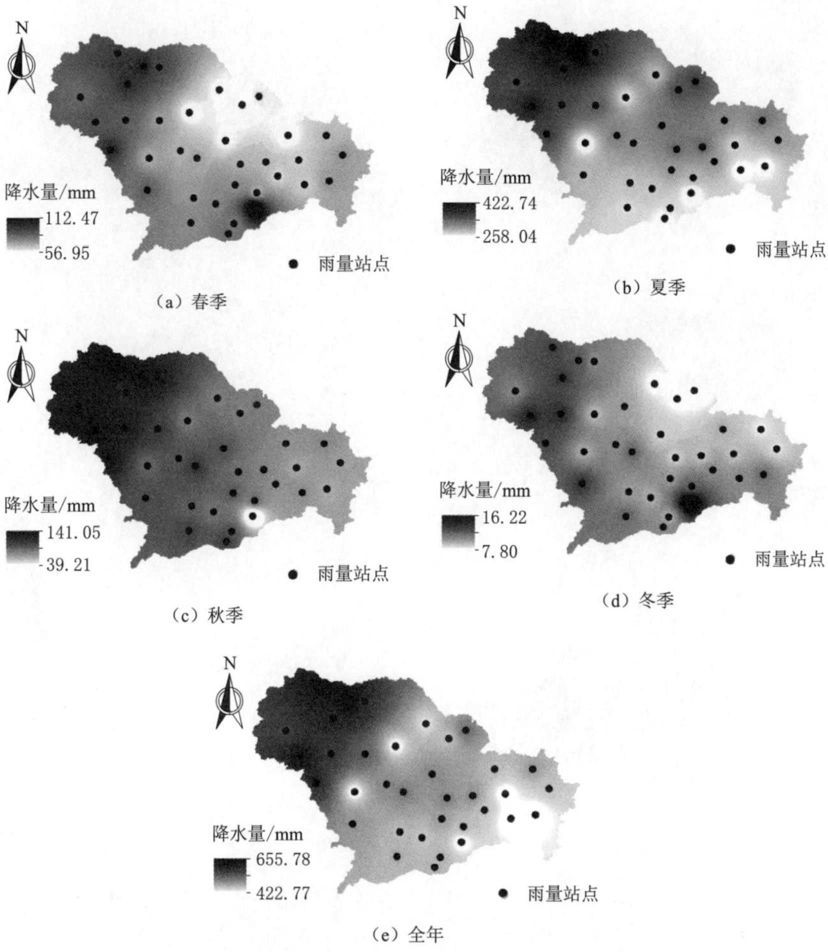

图 2.5 短时间序列下年和季节降水的空间分布图

如图 2.6 所示，石家庄春季、夏季和秋季降水量，西部显著大于东部地区。春季年均最大降水量出现在赵县，降水量为 112.47mm；秋季年均最大降水量出现在南营，降水量为 141.05mm。春季降水量整体变幅较为平稳，仅有 2 处站点呈下降趋势。夏季降水量有 7 处站点呈下降趋势，且显著性检验超过了 90%和 95%的站点数量分别为 4 个和 3 个。7 处站点主要分布在西部，说明 2005—2015 年石家庄西部夏季降水量呈下降趋势。而秋季有 11 个站点呈上升趋势，且显著性检验超过了 90%、95%和 99%的站点数量分别为 5 个、5 个和 1 个，显著上升区域主要位于西部和中部区域。冬季石家庄降水量分布较为平均，范围为 7.8～16.22mm，最大降水量出现在赵县站，降水量为 16.23mm。冬季有 7 处站点呈下降趋势，且都通过了 90%的显著性检验。

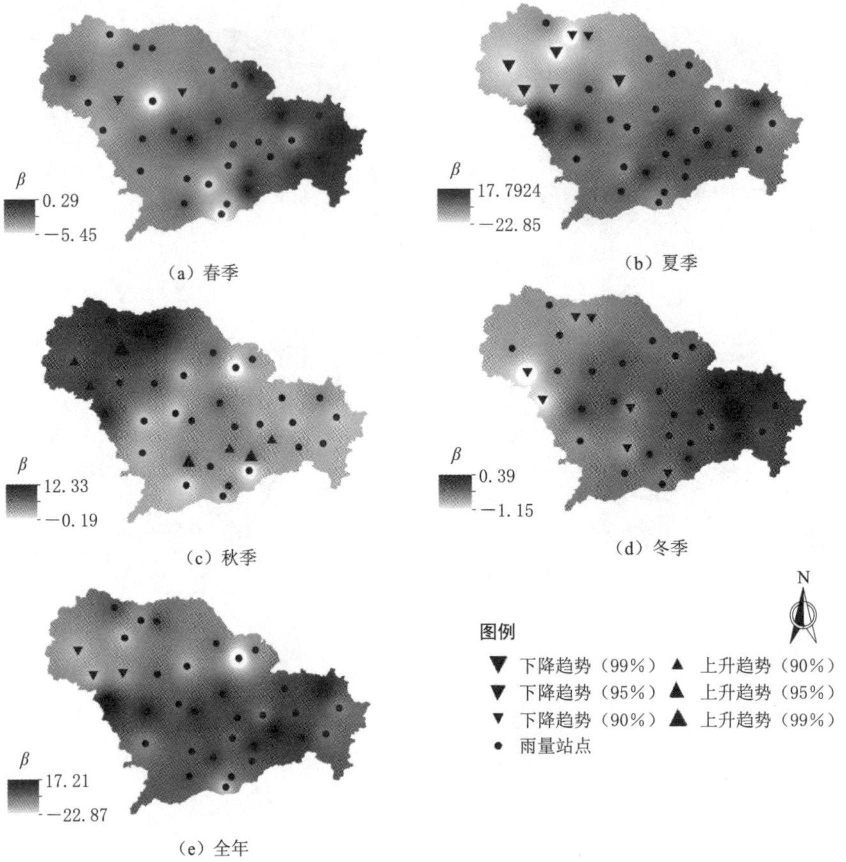

图 2.6　短时间序列下年和季节降水量变化率的空间分布图

3. 降水日数变化趋势分析

如图 2.7 所示，2005—2015 年石家庄市多年平均降水日数为 66d，其中南营站年多年平均降水日数最大为 82.27d，刘海庄站多年平均降水日数最小为 57d，大部分站点降水变化趋势不明显，仅有 3 个站点呈下降趋势，1 个站点呈上升趋势。从季节来看，夏季降水日数最多，平均值 29.69d；冬季降水日数最小，平均值 5.26d。总体来看秋季降水日数上升趋势明显，有 88.57%的站点呈上升趋势，且有 6 个站点达到了 99%的置信区间。夏季有 11 个站点降水日数呈下降趋势，分别有 7 个、4 个站点达到了 90%、95%的置信区间。

4. 降水强度变化趋势分析

降水强度是指单位时间内的降水量。本书以年（季节）降水量除以年（季节）降水日数，获得研究期（2005—2015 年）石家庄年（季节）降水强度。多年平均降水强度最大站点出现在陈庄站，多年平均降水强度为 8.16mm/d，最小

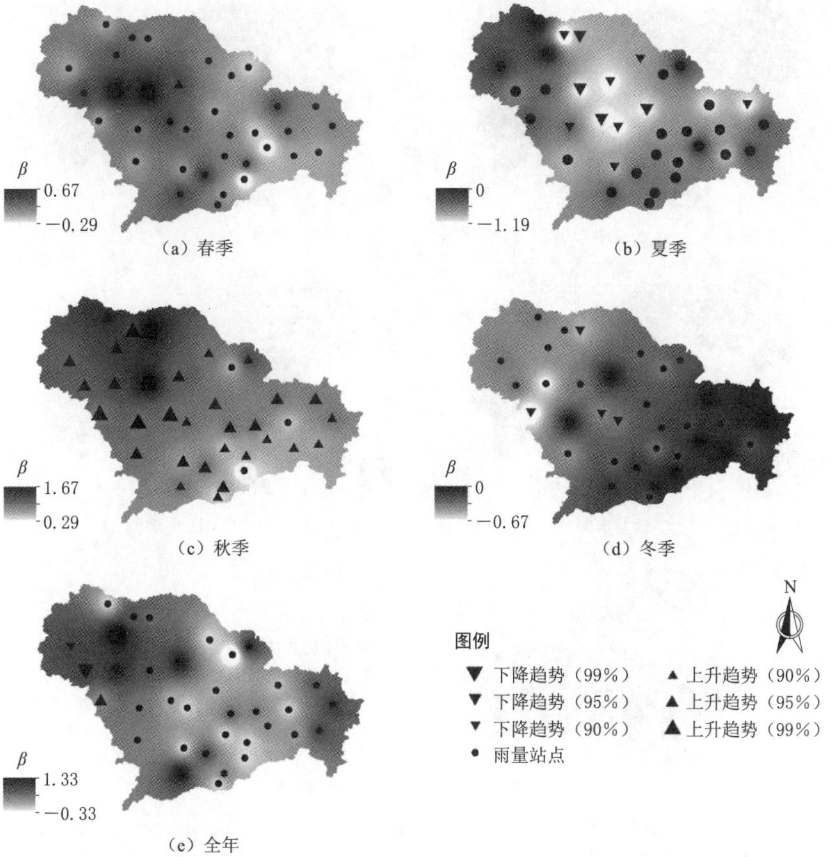

图 2.7　短时间序列下年和季降水日数变化率的空间分布图

降水强度出现在微水站，多年平均降水强度为 6.20mm/d。石家庄多年平均降水强度为 7.50mm/d，整体呈下降趋势；夏季降水强度为 10.55mm/d，远大于其他季节；春季和秋季降水强度相似（5～6mm/d）；冬季降水强度最小，仅为 2.07mm/d。

如图 2.8 所示，可以看出 2005—2015 年石家庄市有 7 处站点降水强度呈下降趋势，石家庄西北部降水强度下降明显。春季有 10 个站点降水强度呈下降趋势，主要分布在石家庄的西部和南部区域。夏季石家庄有 5 个站点降水强度呈上升趋势，分别为双庙站、赵县站、栾城站、微水站和辛庄站，可见夏季石家庄中部和东部降水强度有一定上升趋势。同时，夏季石家庄西北部有 5 处站点呈下降趋势。秋季石家庄降水强度变幅较为平稳，下降率为 0.16～0.37mm/10 年。冬季石家庄降水强度变幅较为平稳，下降率为 0.13～0.167mm/10 年。

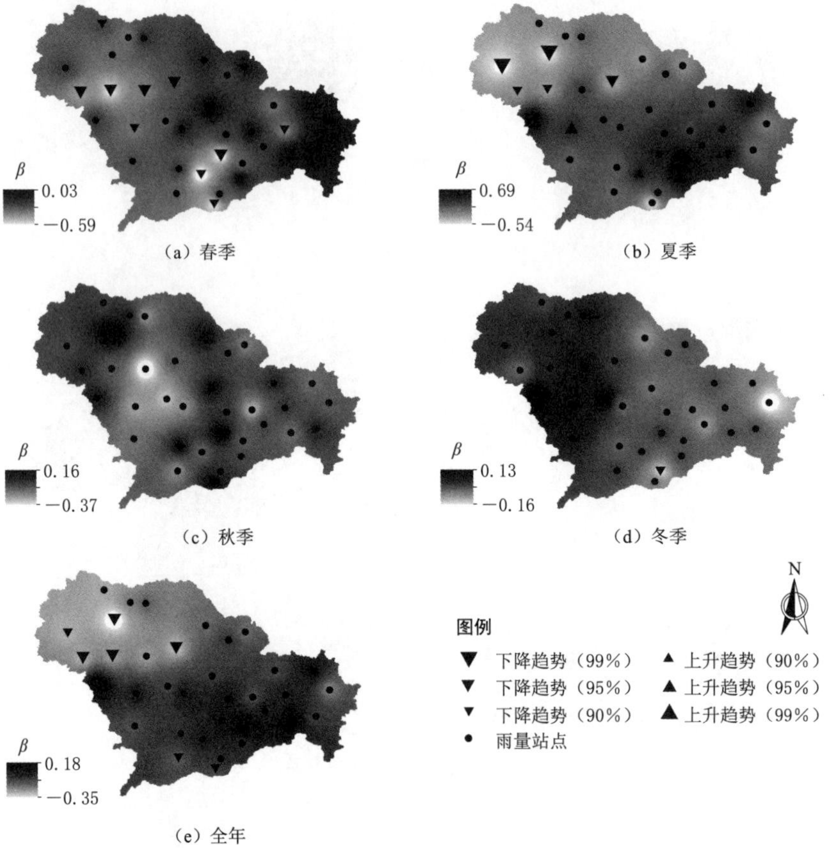

(e) 全年

图 2.8 短时间序列下年和季降水强度变化率的空间分布图

2.3.2 降水结构变化特征分析

2.3.2.1 长时间序列降水结构变化特征分析

1. 降水集中度空间变化

降水的时空分布过于集中会诱发洪旱灾害，针对石家庄市所统计的降水数据，结合降水集中指数（precipitation concentration index，PCI），以分析降水的集中程度及其季节性特征。

降水集中指数的计算方法如下：

$$\mathrm{PCI}=\frac{\sum_{i=1}^{12} p_i^2}{\left(\sum_{i=1}^{12} P_i\right)^2}\times 100 \tag{2.6}$$

其中 p_i 是第 i 个月的月降水量，若年降水量都集中在某一个月内，则该 PCI 值达到最高，为 100；若年降水量较为均匀的分配在 12 个月内，则 PCI 值达到最小，约为 83。可以根据式（2.7）年降水集中指数计算季节范围内［春季（3—5 月）、夏季（6—8 月）、秋季（9—11 月）和冬季（12 月至次年 2 月）］的降水集中指数（SPCI），定义如下：

$$\mathrm{SPCI}=\frac{\sum_{i=1}^{3} P_i^{\,2}}{\left(\sum_{i=1}^{3} P_i\right)^2}\times 25 \tag{2.7}$$

根据 Oliver 定义方法，当 PCI(SPCI)＜10 时，表示某地区年降水量的月份分配较为均匀（即低集中度）；当 10≤PCI＜15 时，表示该地区年内降水具有一定集中性（中集中度）；当 15≤PCI＜20 时，表示该地区年内降水量不规则分布（高集中度）；而当 PCI≥20 时，则表示该地区年降水在年内的分配具有异常集中性，即降水量主要集中在某几个月内。

通过对石家庄降水集中指数的计算，石家庄的年降水集中指数呈现北高南低的分布特征，变化范围为 21.95～24.98，均大于 20，如图 2.9 所示。由此看来，石家庄市降水量在年内分配具有异常集中性，尤其是在北部部分地区。在 5 站点、19 站点和 20 站点变异系数均在 36%以上，表明行唐、新乐和正定等地的降水分布变化很大。春季 SPCI 的范围为 11.31～13.92，说明降水具有一定的集中性，空间上相对低值出现在石家庄市的东北角区域；夏季 SPCI 的范围为 10.45～11.36，相对低值出现在石家庄市的西南角区域；秋季在空间上出现与夏季完全相反的分布趋势，SPCI 高值区位于西南部地区，且 SPCI＞15，呈现高集中指数趋势；冬季 SPCI 的范围为 14.01～18.12，东南部地区属于高集中指数，降水量呈现不规则分布。春季和秋季各站点 SPCI 的变异系数都较低，说明这两个季节降水分布变化较小。春季的降水分布变异较大的地区零星分布，但冬季大部分站点降水分布变异性很大。

2. 不同量级降水空间分布

根据中国气象局制定的降水强度等级划分标准（表 2.1）进行这 6 种量级年降水量的空间分布情况分析，如图 2.10 所示。可以看出，小雨和中雨年降水量空间分布情况相似，由西北向东北方向递减，高值区均分布在平山、灵寿、井陉一带。大雨和暴雨的高值区与小雨和中雨相似，但低值区位于石家庄中部地区。一年中小雨、中雨、大雨、暴雨的雨日数分别为 50d、9d、4d、2d，但年降水总量差别不大，均为 90～190mm。大暴雨雨日为 1d，集中分布在西南部地区，各地区降水量为 134.02～245.54mm。特大暴雨雨量空间分布差异明显，降

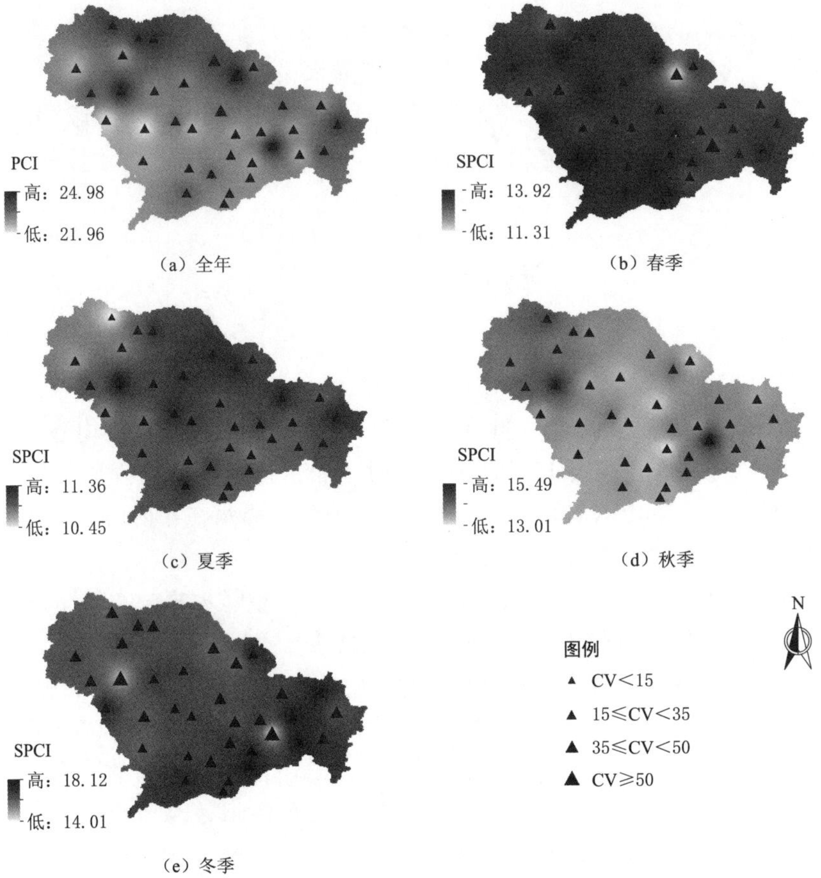

图 2.9 长时间序列下年、季降水集中指数的空间分布图

水量主要发生在赞皇、井陉、元氏、鹿泉以及灵寿和平山的部分区域，最大降水量 12h 内达 407mm。

表 2.1　　降水强度等级划分标准

项　目		24h 降水总量/mm
降水强度等级划分	小雨	0.1～9.9
	中雨	10.0～24.9
	大雨	25.0～49.9
	暴雨	50.0～99.9
	大暴雨	100.0～249.9
	特大暴雨	≥250.0

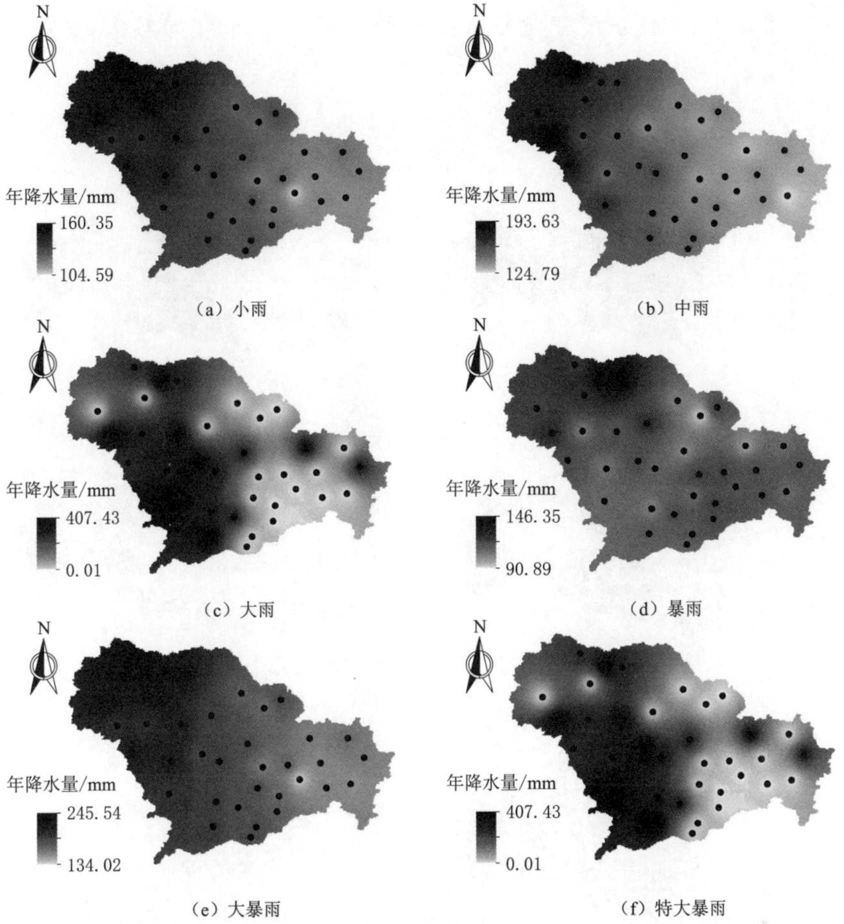

图 2.10 长时间序列下 6 种量级年降水量的空间分布图

2.3.2.2 短时间序列降水结构变化特征分析

1. 降水集中指数空间变化

2005—2015 年石家庄的年降水集中指数呈现北高南低的分布特征，PCI 变化范围为 19.13～22.74，说明石家庄市降水量在年内分配具有较强的集中性，尤其是在石家庄北部新乐区域。如图 2.11 所示，春季 SPCI 的范围为 12.14～14.49，说明降水具有一定的集中性，空间上相对低值出现在石家庄市的东北角区域；夏季 SPCI 的范围为 9.86～11.22，相对低值出现在石家庄市的东部区域；秋季 SPCI 的范围为 14.74～16.71，降水主要集中在灵寿县、赞皇县和高邑县，中部降水集中指数呈不规则分布。冬季降水集中指数为 17.88～21.17，降水集中指数呈现由西向东逐渐升高的趋势。2005—2015 年石家庄春季、秋季和冬季各站点降水集中指数的变异系数都较高，说明 11 年间这三个季节降水分布变化较大。夏季的降水分布变异较大的地区零星分布。

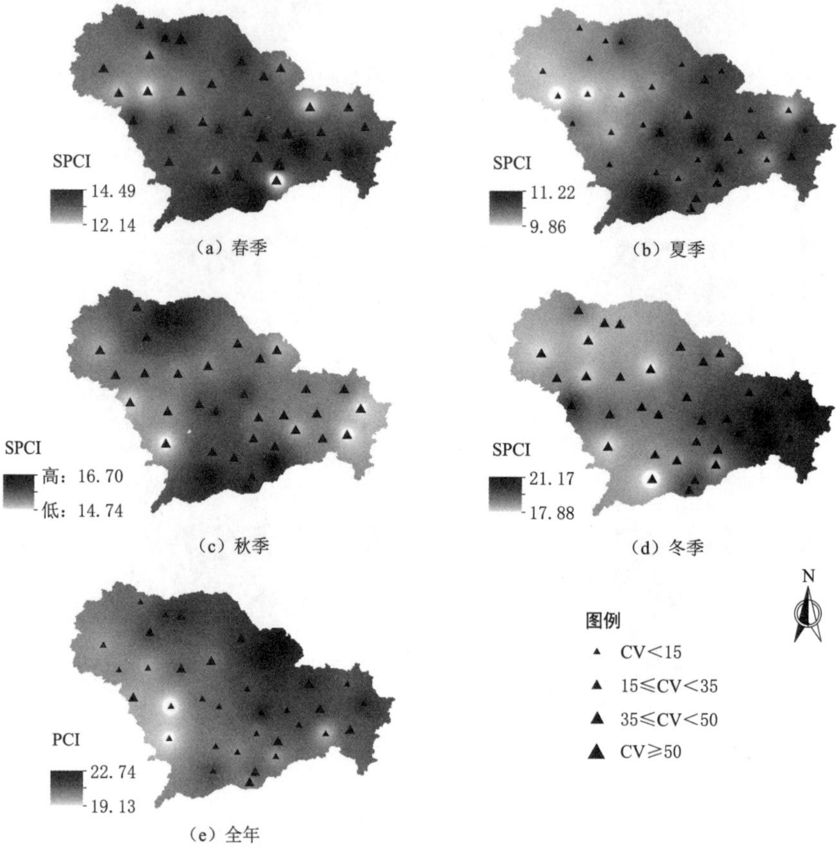

图 2.11　短时间序列下年、季降水集中指数的空间分布图

2. 不同量级降水空间分布

2005—2015 年石家庄并无典型特大暴雨。图 2.12 为短时间降水序列下 5 种量级年降水量空间分布情况。从图 2.12 中可以看出，小雨和中雨降水量空间分布相似，均由西北向东南递减，高值区主要集中在平山和灵寿一带。大雨和暴雨的高值区主要集中在平山县和灵寿县以及石家庄中部区域。大暴雨主要集中在行唐县以及新乐市。一年中小雨、中雨、大雨、暴雨的雨日数分别为 51d、10d、4d 和 4d，但年降水总量差别不大，均为 90～190mm。大暴雨雨日平均仅为 0.08d。

石家庄市西北部的平山、灵寿等地的降水雨量和雨日均偏多，为该地区的多雨中心和强降水易发中心，尤其在夏季和秋季降水较其他地区偏多明显。这可能由于西北部处于太行山山脉的山区地段，暖湿气流沿着太行山迎风坡抬升，加上局地小气候的影响，使得平山、灵寿成为石家庄市的降水中心。西南部的井陉、赞皇、元氏和高邑等地降水偏少。

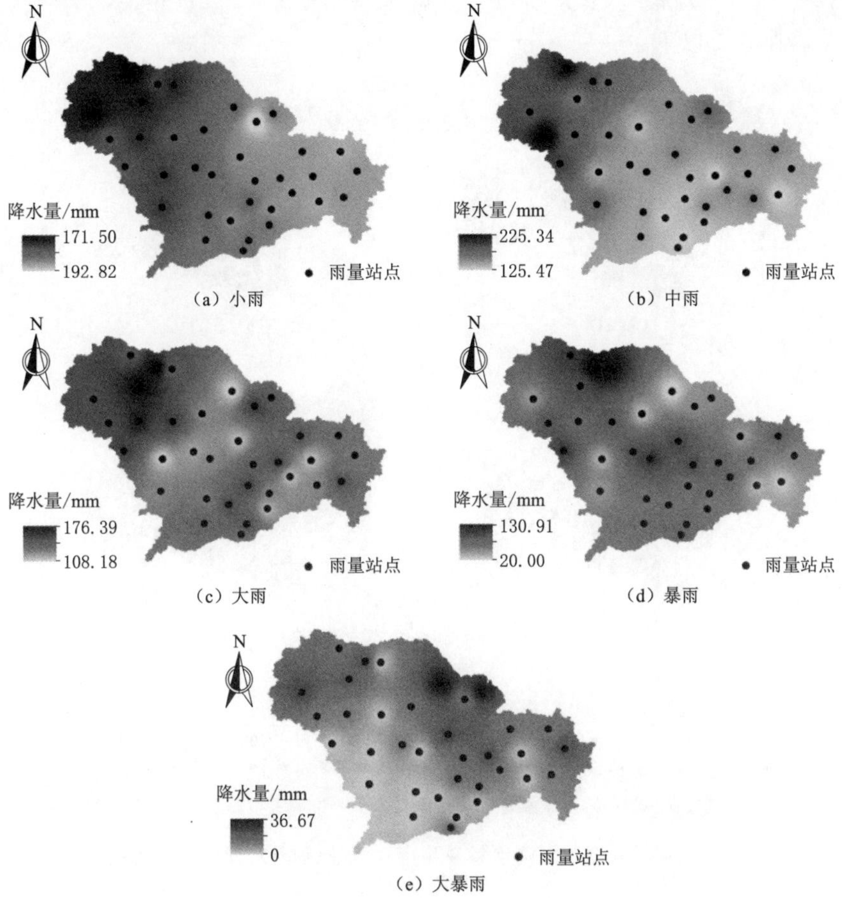

图 2.12　短时间序列下 5 种量级年降水量的空间分布图

2.3.3　降水与大尺度大气环流相关性

2.3.3.1　长时间序列降水与大尺度大气环流相关性

大尺度大气环流是各种天气过程的背景场，大气环流因子通过雨带移动和对水汽输送的影响进而影响区域水文要素，特别是对降水的变化具有不可忽视的影响。通过对降水量和 4 个大气环流指数（SOI、ENSO、EASMI、SASMI）的相关性分析（图 2.13），97.1%的站点降水量与 EASMI 呈负相关性，其中位于新乐的长寿站呈显著负相关。降水与 EASMI 的负相关关系为石家庄地区由北向南递减。所有站点的降水量与 SASMI 呈现由西南向东北递减的正相关性，且有 3 个显著正相关站点，包括小觉站、马村站、高邑站。整个区域的降水量与 SOI 呈正相关，但均未通过显著性检验。除了位于东南部的 16 号、30 号、31 号、32 号和 33 号站外，其余所有站点降水量与 ENSO 呈负相关，但相关性不显著，均在 0.1 以下。

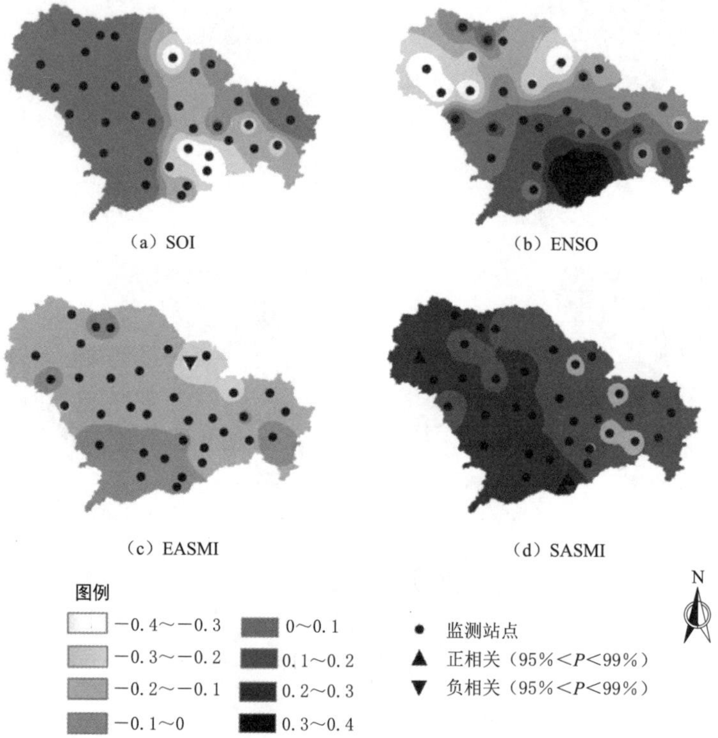

图 2.13 长时间序列下降水量与 4 个大气环流指数之间的统计相关性

2.3.3.2 短时间序列降水与大尺度大气环流相关性

图 2.14 展示了短时间序列下降水量与 4 个大气环流指数（SOI、ENSO、EASMI、SASMI）的相关系数分布。石家庄大部分区域的降水量与 SOI 呈正相关，但均未通过显著性检验。所有站点的降水量与 ENSO 呈现由西南向东北递减的负相关性，但均未通过显著性检验。34.28%的站点降水量与 EASMI 呈负相关性。石家庄降水量与 SASMI 相关性不明显。SOI、EASMI 和 SASMI 通过影响东南亚季风环流和太平洋副热带高压对中国从沿海到内陆的气候产生不同程度的影响，对不同区域影响的程度、方式和结果也有较大差异，因此对石家庄降水作用的机理还需进一步研究。

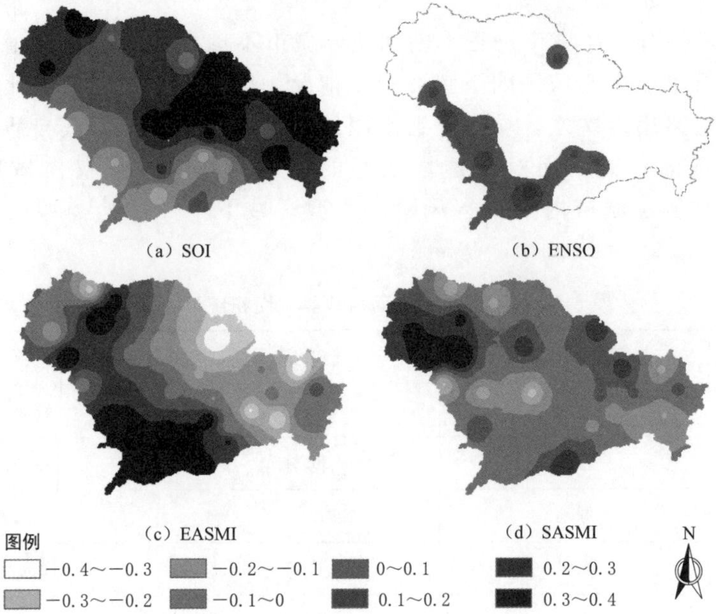

图 2.14 短时间序列下降水量与 4 个大气环流指数之间的统计相关性

2.3.4 地表径流空间分布特征分析

石家庄市的发展建设改变了城市区域下垫面特征，使原透水表面变成不透水，从而导致城区下渗量减小，城市地区下垫面性质发生明显变化。随着城市排水管网系统日趋完善，改变了城市地区的产汇流过程，使城市地表径流增加，汇流时间缩短，导致内涝灾害频发。

2.3.4.1 地表径流计算原理

1. 地表下渗模型

地表径流包括产流和汇流两个过程，其中产流过程指降雨降落至地面后，经过地表植被截留、洼地蓄水和土壤下渗等扣损作用形成径流的过程。而对于渗透地表而言，下渗是其产流的主要损失，对于地表下渗的研究，当前通常采用霍顿下渗模型、Green - Ampt 方法和曲线模型进行模拟分析。

2. 地表汇流模型

地表汇流是指径流自地面汇入管网的过程，地区下垫面情况复杂，其不但会影响排水区域划分，而且会导致地表汇流过程复杂、水流运动状态多变，从而造成计算难度的加大。关于地表汇流，其计算方法主要包括等流时线法、非线性水库法、径流系数法、SCS - CN 模型。本书综合典型区域的特征，选择霍顿下渗模型和非线性水库法模拟。

3. 下垫面分布特征

近年来，石家庄城市进程不断加快，城市不透水面面积逐渐增加，通过统计分析石家庄中心城区的下垫面分布情况，区域内用地裸地占比最高，建筑用地和道路用地次之，城市不透水用地类型占主要部分，其自研究区域中心向四周逐渐稀疏。而对于透水较好的绿地占比较少，仅占城市用地的7.61%，加剧了城市内涝灾害风险。典型区域下垫面用地类型面积统计见表 2.2。

表 2.2　典型区域下垫面用地类型面积统计

序号	下垫面类型	面积/km^2	比例/%
1	建筑	37.01	17.62
2	道路	30.68	14.61
3	绿地	7.61	3.62
4	水系	1.32	0.63
5	裸地	133.37	63.52
总　计		209.99	100

2.3.4.2　地表径流计算与空间分布特征分析

通过模拟地表子汇水区的产汇流过程，并提取各个子汇水区不同重现期的径流量和下渗损失量。

(1) 2 年一遇。降水情景为 2 年一遇时，地表最大径流量 19185.68m^3，最大下渗量 36196.28m^3，总径流量 5760633m^3，总下渗量 3140919m^3，场雨量径流系数 0.65，降水强度低，地表径流量相对较小。径流量见图 2.15、表 2.3，下渗量见图 2.16、表 2.4。

表 2.3　研究区 2 年一遇地表径流量统计表

径流量/m^3	地表面积/hm^2	百分比/%
<250	106.96	50.94
250～1000	69.91	33.29
1000～3000	20.46	9.74
3000～9000	10.08	4.80
>9000	2.58	1.23
总　计	209.99	100.00

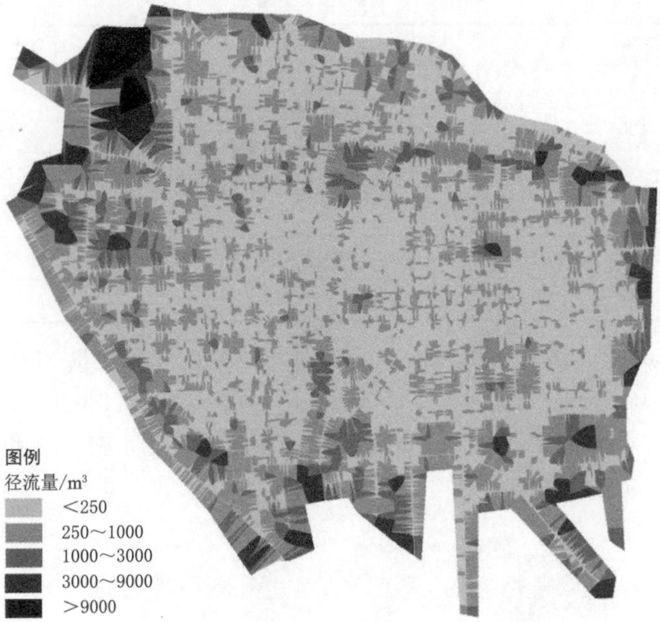

图 2.15 研究区 2 年一遇地表径流量

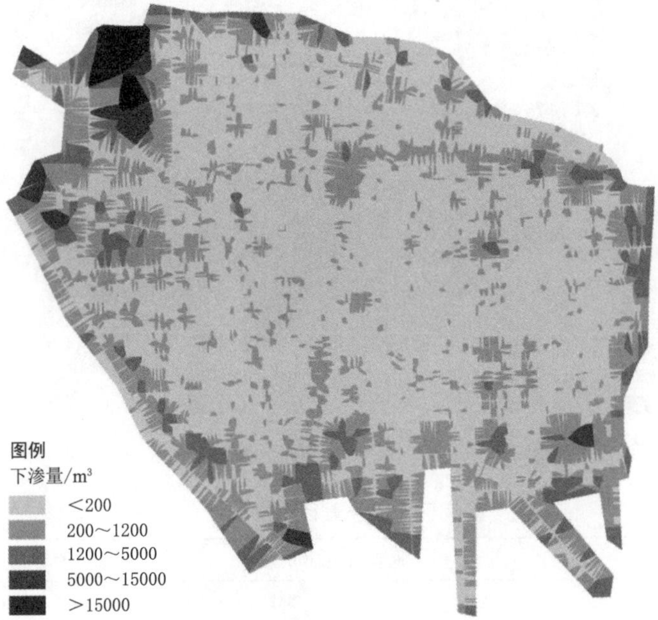

图 2.16 研究区 2 年一遇下渗量

表 2.4 研究区 2 年一遇地表下渗量统计表

下渗量/m^3	地表面积/hm^2	百分比/%
<200	133.56	63.61
200～1200	55.51	26.43
1200～5000	14.95	7.12
5000～15000	3.41	1.62
>15000	2.56	1.22
总　计	209.99	100.00

(2) 5 年一遇。降水情景为 5 年一遇时，地表最大径流量 32481.06m^3，最大下渗量 50343.82m^3，总径流量 8831796m^3，总下渗量 4480660m^3，该场雨量径流系数 0.66，通过地表径流分布图来看，径流量多分布在道路和地表地势较低之处。径流量见图 2.17、表 2.5，下渗量见图 2.18、表 2.6。

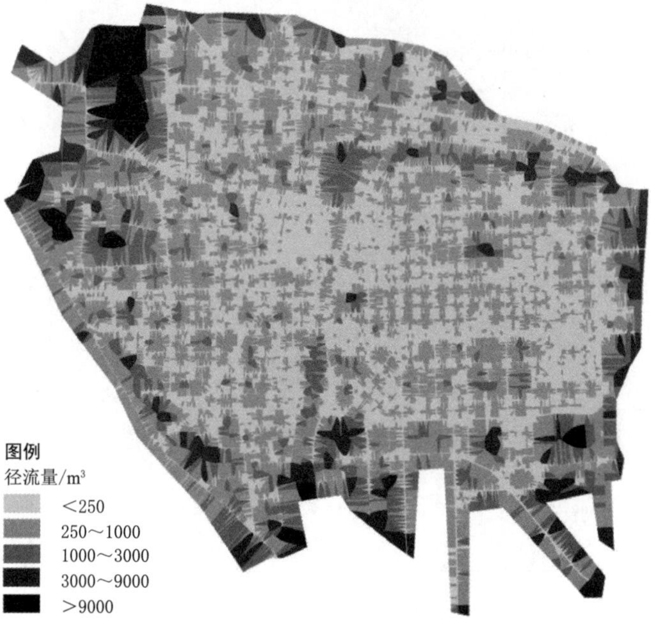

图 2.17 研究区 5 年一遇径流量

表 2.5 研究区 5 年一遇径流量统计表

径流量/m^3	地表面积/hm^2	百分比/%
<250	75.38	35.91
250～1000	87.27	41.56
1000～3000	28.09	13.37

续表

径流量/m^3	地表面积/hm^2	百分比/%
3000～9000	13.05	6.21
＞9000	6.2	2.95
总　计	209.99	100.00

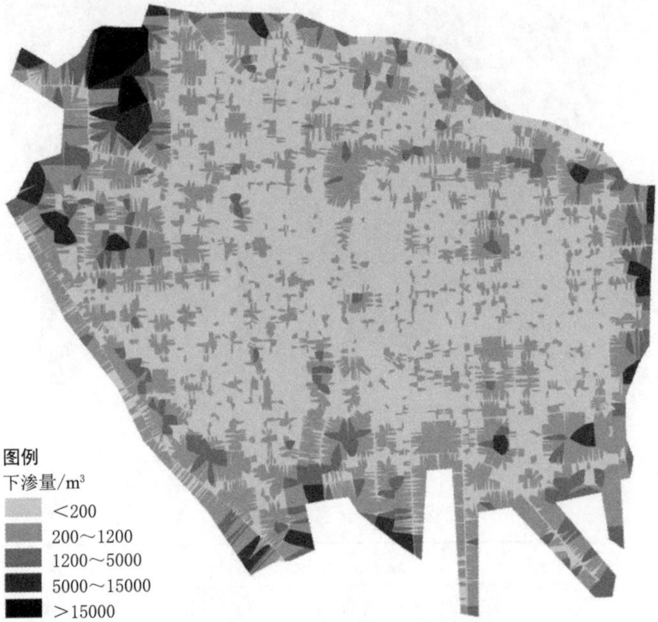

图 2.18　研究区 5 年一遇下渗量

表 2.6　　研究区 5 年一遇下渗量统计表

下渗量/m^3	地表面积/hm^2	百分比/%
＜200	111.45	53.09
200～1200	72.05	34.31
1200～5000	17.10	8.14
5000～15000	6.82	3.24
＞15000	2.57	1.22
总　计	209.99	100.00

(3) 20 年一遇。降水情景为 20 年一遇时，地表最大径流量 50445.48m^3，最大下渗量 66956.58m^3，总径流量 12713458m^3，总下渗量 6156594m^3，该场雨量径流系数 0.67，随着降水强度的增大，雨量径流系数逐渐增大，加重了内涝灾害的风险。径流量见图 2.19、表 2.7，下渗量见图 2.20、表 2.8。

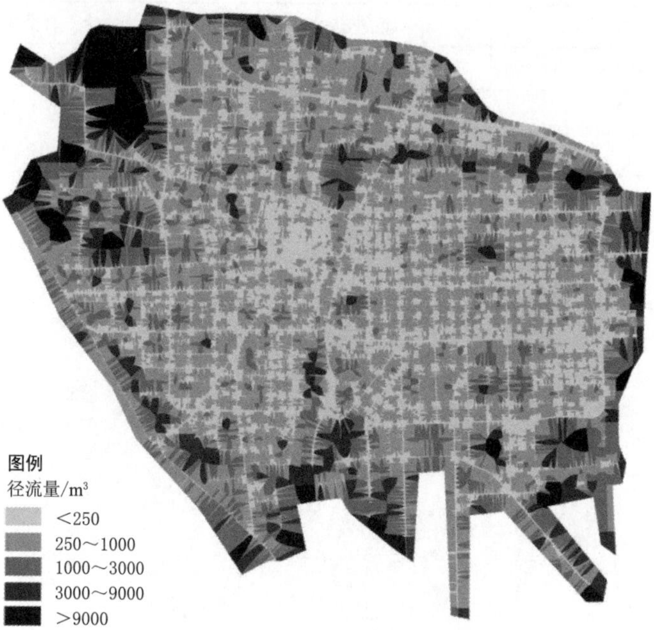

图 2.19 研究区 20 年一遇径流量

表 2.7 研究区 20 年一遇径流量统计表

径流量/m³	地表面积/hm²	百分比/%
<250	53.10	38.56
250～1000	92.39	43.99
1000～3000	37.95	7.75
3000～9000	16.27	4.80
>9000	10.28	4.90
总　计	209.99	100.00

表 2.8 研究区 20 年一遇下渗量统计表

下渗量/m³	地表面积/hm²	百分比/%
<200	90.46	43.08
200～1200	86.36	41.13
1200～5000	21.87	10.41
5000～15000	7.93	3.78
>15000	3.37	1.60
总　计	209.99	100.0

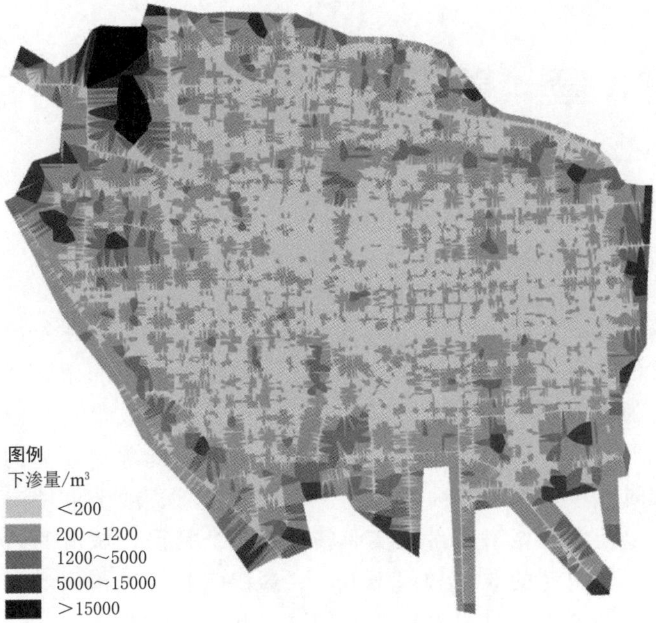

图 2.20 研究区 20 年一遇下渗量

2.4 本 章 小 结

本章以典型区域为基础，通过开展了降水时空变化与地表产汇流过程的研究，对典型区域的内涝致灾机理进行了剖析，主要结论如下：

(1) 选取河北省省会石家庄市主城区作为研究对象，鉴于石家庄市洪水致灾成因及特征在石家庄市城市洪水风险图编制过程中有过详细研究，故不作为本书研究重点。

(2) 分别选取长时间序列（1955—2015 年）和短时间序列（2005—2015 年），分析石家庄市主城区降水时空分布特征和降水结构变化特征，结果表明：长时间序列和短时间序列降水时空分布特征、降水结构变化特征相差不大。

(3) 以石家庄市主城区下垫面分布为基础，依据地表径流模型，模拟地表子汇水区的产汇流过程，提取不同重新期（2 年一遇、5 年一遇和 20 年一遇）的径流量和下渗量，明晰地表明径流空间分布特征。

本章彩图

第3章　基于GIS的城市内涝特征提取技术研究

为构建精准的城市内涝模型，合理分析城市内涝灾害成因及风险特征，除了要掌握完整的城市排水管网数据外，获取高精度的气象降雨资料和地表径流相关数据也尤为重要。因此，城市内涝模型的构建需要收集高分辨率的下垫面用地类型和地形数据，用于分析地表产汇流过程，以此确保模型的可靠性。同时，还需要实时气象、水情、雨情、工情、人口分布、洪涝事件淹没位置流速等监测数据，以便实现城市内涝的实时精准模拟。目前，城市的内涝监测多为基于常规监控城市内涝的监测和基于卫星、遥感等技术城市内涝的监测，但监测方式仍存在数据量少、时间滞后的特征。因此，借助数字信息化管理手段实现城市内涝模型的多源数据汇集和处理，可在保证数据可靠性的同时，提高模型的精度。

针对内涝灾害的突发特点，可通过构建内涝模型实现实时模拟，并进行内涝灾害灾情的预测，从而达到提高内涝预警预报效率，减小内涝灾害损失的目的。目前，实时模拟常用的方法有基于雨量计测量实时降雨数据和基于情景库实时降雨数据的城市内涝模拟研究。其中，基于雨量计测量实时降雨数据方法的关键在于保证一定时长的内涝灾害预见期。目前，城市下垫面硬化率升高，产汇流时间减少，预见期缩短，而对于基于情景库实时降雨数据的城市内涝模拟研究而言，可通过构建降雨情景库，实现预制情景与实时监控数据匹配，从而预测未来淹没的灾害情况，以此提高预报效率，降低内涝灾害风险。

3.1　多要素立体监测数据提取技术

依据行业数据库设计规范，构建系统综合数据库。具体可划分为地理信息库、实时信息库、成果发布库、历史信息库、计算成果库、模型方法库、数据关系库、系统管理库等几大类，见表3.1。

表 3.1　　系统综合数据库信息表

数据类型	数据表		存储内容	存储方式/类型
地理信息库	空间地理	遥感影像	DOM数据，卫星高空遥感、无人机拍摄低空遥感	.tif
		地形高程	DEM数据，精度至少5m	.tif
		行政区划	城区（县、旗）界、街道（乡、镇）界	.shp
		河湖水系	河流、湖泊、运河	.shp
		居民地	小区	.shp
		道路交通	街道	.shp
		管网	排水管网	.shp
		市政设施	学校、医院、商场、公园、测站、广场	.shp
		地下设施	地铁、地下商场	.shp
	工程信息	水库		.shp
		测站	积水监测水位站、雨量站、河道水文站、视频站	.shp
		堤防		.shp
		水闸		.shp
		泵站		.shp
		排水口	涉及雨箅子	.shp
	非工程信息	预警设施	预警设施分布	.shp
		防汛物资	防汛物资仓库分布	.shp
		抢险队伍	抢险队伍分布	.shp
		避难与安置	安全区、避水台避水楼	.shp
	水文模型要素	计算网格		.shp
		土地利用		.shp
		土壤质地		.shp
实时信息库	测站基本信息表		存储雨量站、水位站、视频站基本信息	关系型
	实时雨情表		存储实时降雨信息	关系型
	实时河道水情表		存储实时河道水位流量信息	关系型
	实时积水水情表		存储实时积水点水位信息	关系型
	闸门实时运行记录表		存储闸门开启状态、闸门开度、过闸流量等信息	关系型
成果发布库	预报降雨量表		存储预报降雨信息	关系型
	预报积水水情表		存储预报积水点水位信息	关系型
	预报积水分布表		存储预报积水点淹没范围信息	关系型

续表

数据类型	数据表	存储内容	存储方式/类型
历史信息库	场次水灾基本信息表	存储场次水灾名称、降雨起止日期、洪水起止日期	关系型
	场次水灾降雨过程记录	存储场次水灾对应的时段降水量、时段长、历时等过程信息	关系型
	场次水灾特征点淹没记录	存储场次水灾特征点淹没水位、历时、洪痕高程等信息	关系型
	场次水灾堤防溃决记录	存储场次水灾堤防溃决点、溃口尺寸、溃决时间等信息	关系型
	场次水灾积水分布记录	存储场次水灾积水淹没范围、淹没水深、淹没历时等信息	关系型
	场次水灾转移安置记录	存储场次水灾转移居民点、人数、转移路线、安置地点等信息	关系型
	场次洪灾损失统计	存储人员伤亡、社会经济损失、水毁工程统计等信息	关系型
计算成果库	作业预报计算成果表	存储预报对象、预报依据时间、采用预报方案等信息	关系型
	作业预报模型参数表	存储作业预报选用模型的参数信息	关系型
	作业预报降雨量表	存储作业预报选定预报降雨量信息	关系型
	作业预报特征点水情表	存储作业预报特征点水情信息	关系型
	作业预报堤防运行表	存储作业预报堤防运行信息	关系型
	作业预报水闸运行表	存储作业预报水闸运行信息	关系型
	作业预报泵站运行表	存储作业预报泵站运行信息	关系型
	作业预报积水分布表	存储预报计算积水淹没范围、淹没水深、淹没历时等数据	关系型
模型方法库	计算网格划分表	存储计算区域二维网格划分信息	关系型
	SCS 汇流参数表		关系型
	SCS 产流参数表		关系型
数据关系库	计算网格-雨量站关系表		关系型
	计算网格-街道关系表		关系型
	计算网格-排水管网关系表		关系型
	计算网格-特征点关系表		关系型
	计算网格-堤防关系表		关系型
	计算网格-水闸关系表		关系型
	计算网格-泵站关系表		关系型
系统管理库	单位信息表		关系型
	权限信息表		关系型
	用户信息表		关系型
	日志记录表		关系型

3.2 典型地区多要素数据提取实例研究

3.2.1 基础资料收集

首先，设计资料清单，包括数据类别、数据名称、数据格式、补充说明等；其次，明确数据需求，收集相应的水文、地形、气象、河道、管网、水库等资料，整理相关统计数据；最后，对缺失或异常数据进行现场调查补充，完成基础数据处理工作。

（1）流域范围数据。收集边界面和边界线数据，用于确定研究区域，描述石家庄市具体研究范围。

（2）城市管网数据。收集管网、检查井（包含雨水箅）和排水口平面分布图，充分体现石家庄市研究区域内的城市管网平面拓扑结构和管网系统的垂向空间关系，如各个管段之间的连接关系，管网与泵站的连接关系，系统排水口的位置等。其中，管段数据需收集管段编号、管段种类、上下游节点编号、管长、管段类型、断面尺寸、管段材质、管段粗糙系数、上下游偏移量等。如果管段断面是圆形，断面尺寸需收集管段直径数据；如果断面是矩形，需收集渠高、渠宽数据；如果断面是梯形，需收集渠高、下底宽、两侧底角坡度数据。检查井和雨水箅数据需收集节点编号、检查井种类、井底高程、井深和地理位置坐标。排水口数据需收集排水口编号、底部高程、地理位置坐标。管网数据清单见表3.2。

表3.2 管网数据清单

	数据名称	数据类型	备注
管网平面分布图	管段编号	string	
	管段种类	string	雨水管或雨污合流管
	上游节点编号	string	
	下游节点编号	string	
	管长	double	
	管段类型	string	圆管、明渠、暗渠或其他
	管径	double	若管段类型为圆管
	渠高	double	若管段断面为矩形
	渠宽	double	
	渠高	double	若管段断面为梯形
	下底宽	double	

续表

	数据名称	数据类型	备　　注
管网平面分布图	左侧底角坡度	double	若管段断面为梯形
	右侧底角坡度	double	
	管段材质	string	
	管段粗糙系数	double	
	上游偏移量	double	
	下游偏移量	double	

(3) 土地利用数据。收集石家庄市主城区内不同下垫面类型的分布图，主要包括房屋建筑、水体、绿地、森林、裸土、不透水广场、透水广场、道路等，以了解当前研究区的土地利用现状，计算下渗参数和产汇流参数。土地利用数据清单见表3.3。

表3.3　　土地利用数据清单

数据名称	数据类型
下垫面名称	string
面积	double

(4) 地形数据。收集石家庄市主城区高程数据，包括带有高程值和地理位置坐标的shp点图层数据。地形数据清单见表3.4。

表3.4　　地形数据清单

	数据名称	数据类型
高程点	编号	string
	高程值	double
	X 坐标	double
	Y 坐标	double

(5) 降水数据。收集石家庄研究区域内雨量站分布位置及各雨量站的历史降水数据（超过30年）。雨量站数据包含雨量站名称、编号、所属单位、数据传输时间间隔、传输内容、降雨记录方式、地理位置坐标。降水数据包含各雨量站的分钟降水数据，按照年、月、日、时、分降水量的格式整理，降水时间间隔为1min，数据的历史时间尽可能大。降水数据清单见表3.5。

(6) 行政区数据。收集石家庄市行政区范围分布，包括行政区名称、行政区面积、人口数量等。行政区数据清单见表3.6。

表 3.5 降雨数据清单

	数据名称	数据类型	备注
雨量站	雨量站名称	string	
	雨量站编号	string	
	所属单位	string	
	数据传输时间间隔	string	非实时传输雨量站可不提供
	传输内容	string	
	降雨记录方式	string	图形曲线、电子文档或其他
	X 坐标	double	
	Y 坐标	double	
降水数据	雨量站名称	string	
	分钟降水数据	文档	数据格式为：年、月、日、时、分降水量；数据时间间隔为 1min；数据的历史时间要大

表 3.6 行政区数据清单

数据名称	数据类型
行政区名称	string
行政区面积	double
人口数量	double

(7) 道路、街道数据。收集石家庄市主城区内主干道路和街道的平面分布图，包括道路轮廓的面图层、道路中线和边线的线图层、路名、长度、宽度、养护单位和修建时间。街道路面数据清单见表 3.7。

表 3.7 街道路面数据清单

数据名称	数据类型
路名	string
长度	double
宽度	double
养护单位	string
修建时间	string

(8) 监测数据。收集检查井和河道监测点的分布情况和历史水位、流速、流量过程线的监测数据，以及近年降水较大的时间段的降水过程数据。监测数据清单见表 3.8。

表3.8 监测数据清单

	数据名称	数据类型	备　注
监测检查井	监测井编号	string	
	监测井类型	string	管网监测点
	X坐标	double	
	Y坐标	double	
	监测数据	double	监测时段水位、流速、流量过程线数据（可提供相关文档资料）
近年强降水事件发生时间	其他强降水事件	double	强降水的起始时间和降水过程数据

3.2.2 基础数据处理

1. 管网数据处理

根据所收集的原始管网资料，首先删去零散的检查井、管段和出水口，然后依次检查管段上下游节点编号是否正确，如果编号不对应，需修正或删除。对于原始资料中已有的参数信息，用现有资料；如果没有，借助数值计算、几何计算、其他资料补充等方式填补。管段长度可用ArcGIS的几何计算工具计算，默认单位是m。管段类型分为圆管、闭合矩形管、开放矩形管。圆管的几何参数仅有一个，即横截面直径。闭合矩形管相当于河道暗渠，几何参数包括管深和管宽。开放矩形管相当于河道明渠，几何参数也包括管深和管宽。管段与管段相连时，默认上下游偏移量均为0。与明渠同理，管段上游节点的底部高程须高于下游节点，否则水流从低处流向高处，会在上游管段内堆积拥堵，造成检查井满溢。上游管段的横截面面积不应超过下游管段，保证水流从细管流入粗管。如果管段是圆管，上游管段的直径不应超过下游管段。修改完管网拓扑后，为缺失出水口的管网添加出水口。

2. 泵站数据处理

由于所给泵站普遍缺失上下游节点数据，因此通过泵站周围管网节点高程与管段管径推断缺失数据。依据上游节点高程小于下游节点高程，上游管道管径小于下游管道管径的原则确定泵站的上下游，将上游节点属性由出水口修改为检查井，在泵前设置调蓄池，根据所给水池尺寸设计池体，利用所给水位数据设置水泵的开启与关闭水位，根据所给泵的数量和流量设置水泵，最后用管道进行连接。

3. 高程数据处理

收集到地形高程点的shp文件，每一个高程点文件的属性包含了坐标位置数据和高程数据。首先在 GIS 中对高程文件进行检查，剔除高程数据中的异常值，并利用 ArcGIS 中的创建 TIN 工具，将高程点转换为 TIN 文件，再利用 TIN 转栅格工具，将其转为栅格数据集，以此创建数字高程模型（DEM）文件。像素值代表地面高程。

4. 土地利用绘制

收集到石家庄市主城区的土地利用类型分布图，原始资料为建模可用的 shp 格式。原始资料中缺失的部分，则在其他土地利用类型绘制完成后，统一将剩余空白处合并，命名为其他图层。最后，得到 5 种土地利用类型，分别是建筑、水系、绿地、道路、其他，各部分面积占比见表 3.9。

表 3.9　　石家庄土地利用类型表

土地利用类型	面积/km^2	比例/%
建筑	39.34	17.65
水系	3.06	1.37
绿地	7.78	3.49
道路	36.06	16.17
其他	136.71	61.32
合计	222.95	100.00

5. 汇水区绘制与处理

汇水区是指某一地区的地表径流汇聚到同一出水口所经过的封闭地表区域。由于所在区域位于石家庄市主城区，排水管网较为密集，分布相对均匀。因此，在绘制汇水区时，采用生成泰森多边形的方法，每个汇水区内包含一个检查井，即该区出水口。

划分后的汇水区分布如图 3.1 所示，共计 77651 个，总面积 222.95km^2。

划分完汇水区后，还需补充以下参数：

（1）雨量计。石家庄研究区域内设定一个雨量站，因此将汇水区的雨量计参数统一设置成固定值。

（2）出水口。对于城区，汇水区出水口即所在区域内的检查井，确保编号一一对应。

（3）面积。汇水区面积利用 ArcGIS 的几何计算工具计算，默认单位是 m^2，建模标准格式是 hm^2，因此需将计算后的数值除以 10000 以完成单位转换。

（4）宽度。汇水区的长度是指从区域内一个点流到另一个点的最长距离。若将汇水区概化成矩形，则宽度＝面积/长度。水流速度为 0.5～1m/s，汇水区两点间最远距离的水流时长为 10～15min，因此汇水区长度可按式（3.1）估算：

$$0.5\text{m/s}\times 10\text{min}=0.5\text{m/s}\times(10\times 60)\text{s}=300(\text{m}) \tag{3.1}$$

图 3.1 石家庄主城区汇水区划分示意图

由于先前计算的汇水区面积单位是 hm^2，建模需要的宽度单位是 m，所以计算宽度时还需进行单位转换，即

$$Width=\frac{Area\times 10^4}{10\times 60\times 0.5} \tag{3.2}$$

(5) 坡度。坡度是指坡面垂直高度 H 和水平距离 L 的比值，如图 3.2 所示，用百分数表示，$slope=\tan\theta=H/L$。

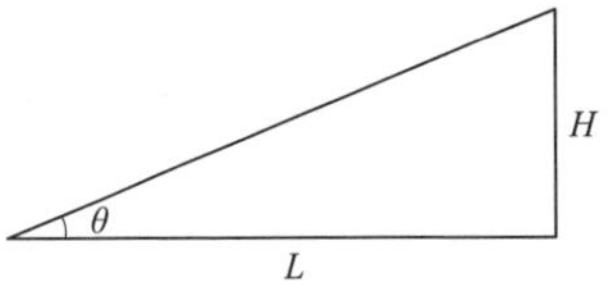

图 3.2 坡度计算示意图

由于研究区域的地势相对平坦，汇水区的坡度采用经验值选取。

(6) 产汇流参数。不同下垫面的产汇流参数不同，所以计算汇水区的产汇流参数时，首先选取不同土地利用类型参数的经验值，然后根据面积权重法得到每一个汇水区的参数值。

6. 地表二维网格剖分

为了模拟分析地表淹没情况，需要对研究区域进行网格剖分，进而建立地表二维模型。

网格剖分时，首先按照边长 10～15m 的精度做整体剖分。剖分完成后共得到 1351730 个网格。其中，网格单元最小面积 $100m^2$，最大面积 $150m^2$。

3.2.3 多源数据汇集

3.2.3.1 汇集内容

汇集内容包括采集感知数据和多源异构数据，见表3.10。其中，采集感知数据包括地面雨水监测站监测的降水量、积水点水位、河道站水位流量、地面视频测站的积水视频影像泵站抽水量等；多源异构数据包括热力图、数值降雨预报、雷达观测降雨、公众（微信小程序）上报、现场（抢险车）回传等。

表3.10 多源数据统计表

序号	数据项	来源	更新频度	备　注
一	采集感知数据（动态数据）			
1	地面雨水监测站	气象、水文、水利部门	实时	降水量 积水点水位 河道站水位流量
2	地面视频测站	水利、交通部门	实时	积水视频影像
3	泵站抽水量	水利部门	实时	抽水流量等
二	多源异构数据（动态数据）			
1	热力图	电信部门	实时	人口动态图（坐标位置、手机号）
2	数值降雨预报		2次/d	1km×1km格点，未来24h逐1h
3	雷达观测降雨	交通	6次/d	1km×1km格点，未来2h逐5min
4	公众（微信小程序）上报	公众	实时	视频图像、文字等
5	现场（抢险车）回传		实时	视频图像、文字等

3.2.3.2 汇集方案

对接采集感知、多源异构数据，接入数据后结合模型/业务特点进行同化处理系统运行提供基础数据支撑。具体包括数据接入、异常校正、数据同化、数据拼接、数据入库等应用。

1. 数据接入

从已有雨水情景数据库（各站点数据已通过GPS等通信模式远程上传至该库）中接入雨水实时监测数据，从气象服务机构接入雷达观测降雨、数值降水预报数据；从交通部门接入人员/测量监测数据，生成人口热力图；同时还可以接收公众通过小程序上报（或现场抢险车回传）的视频图像、文字信息。

2. 异常校正

设定积水数据检验规则（超出2m、小于0m时），识别异常数据进行校正（若前后均大于0时，根据前后两个时刻数据插值）；设定降雨数据检验规则[延迟、超大大于500mm（降水总量超过500mm时需要进行异常判断）、小于0

时]，识别异常数据进行校正（利用周边测站数据进行插值）。

3. 数据同化

（1）点雨量处理。点雨量采用同等对待原则，即认为不同信息源的资料，其质量水平相同，为该点降雨的真值，均参与降雨在空间和时间上的归整和分配。卫星云图、雷达观测产品得到的是空间上连续分布的网格的雨量。若地面观测站落在某网格中，则利用该站观测的点雨量对该网格的产品进行改正。利用历史资料建立点雨量与产品雨量之间的关系（原则上可假定为线性关系或指数关系），并用该关系进行实时改正。

（2）网格雨量。若地面观测站落在某网格中，则认为利用该站观测的点降雨为该网格的雨量；若网格中有多个地面观测站，则采用算术平均法或加权平均法计算地面观测站的平均雨量，以此作为网格雨量。

（3）面雨量。经地面站校正后的雷达及卫星观测产品反映了降雨真值的空间分布。因此，区域或单元的面雨量由各区域或单元内各网格雨量的算术平均或加权平均得到。

（4）时段转换。将面雨量数据按模型方案要求转换为整点、逐时段数据序列。

4. 数据拼接

预报降雨包括雷达观测降雨、数值降水预报数据。为实现预报降雨与实测降雨的拼接，对某时刻（时段）T 而言，当前和前面时间的降雨采用实测资料，其后1～3h的降雨采用雷达观测降雨数据，再往后的降雨采用数值降水预报数据。

5. 数据入库

将同化后的点雨量、网格雨量、面雨量数据，以及接入的热力图、视频文字数据整理入库。

3.3　本　章　小　结

（1）建设系统综合数据库存储系统运行所需信息。具体可划分为：地理信息库、实时信息库、成果发布库、历史信息库、计算成果库、模型方法库、数据关系库、系统管理库8类。

（2）收集流域范围数据、城市管网数据、土地利用数据、地形数据、降雨数据、行政区数据、街道路面数据及监测数据等，并对管网、泵站、高程、土地利用等基础数据进行处理，对汇水区进行绘制与处理，对研究区域进行网格剖分。

（3）对接采集感知、多源异构数据，接入数据后结合模型/业务特点进行同化处理系统运行提供基础数据支撑。具体包括数据接入、异常校正、数据同化、数据拼接、数据入库等应用。

本章彩图

第4章　城市综合内涝模拟技术研究

4.1　基本原理和方法

首先，构建城市一维管网模型，对管网及检查井、雨水箅的基础数据进行处理，分析并修正管网系统的空间关系，包括管网的上下游平面拓扑关系，管段上下游偏移及井深、井底高程等垂向关系，形成雨水管网一维模型；然后，构建城市地表产汇流模型，依据城市内的街道、内河道以及管网系统节点的分布情况并结合地形特征划分地表子汇水区。依据土地利用数据，按照不同类型下垫面的分布情况提取汇水区的产汇流参数（不透水面面积百分比、透水地表曼宁系数、不透水地表曼宁系数、不透水地表洼地蓄水、透水地表洼地蓄水等），形成地表产汇流模型；再次，构建地表二维径流模型，根据研究区边界范围进行地表二维网格剖分，依据城市地表高程数据提取每一个网格高程值，形成地表二维径流计算模型；最后建立一维与二维内涝耦合模型，将一维管网模型、地表产汇流模型、地表二维径流模型三者进行耦合连接。在建立耦合模型时，需将城市管网计算节点与地表二维计算网格进行连接，使得节点位置与网格位置相对应，保证计算的垂向连通性。同时节点的地面高程与二维网格的高程要相匹配，对于节点地面高程高于二维网格高程这种明显不合理的数据要进行检查修正，保证数据的准确性，使得地表产汇流、管网汇流、地表径流三个水流过程集成于一体，形成流域内涝模型。

在流域内涝模型中输入不同历时不同重现期设计降雨等数据，并进行模拟运行，构建一套较为完整的石家庄内涝模型。

模型构建完成后，根据历史降雨积水数据对模型产汇流参数进行率定修正，使模拟淹没范围和实测积水范围较为吻合。通过设计不同重现期的降雨情景，计算模拟不同降雨情景下的城市内涝效果，分别做出管网汇流分析、地表径流分析、管网节点溢流分析、地表淹没分析等，评估石家庄主城区的排水能力，为防涝减灾工作提供数据支持。

4.1.1　模型原理

城市内涝模型包含一维管网模型、城市地表产汇流模型、城市地表漫流模型，如图 4.1 所示。

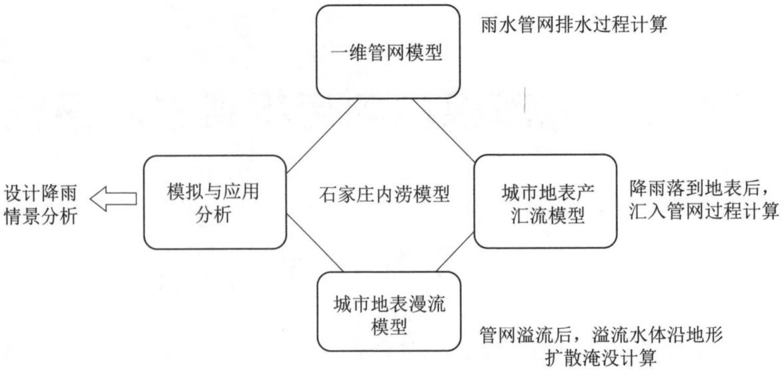

图 4.1 模型算法组成逻辑

4.1.1.1 管网汇流

城市的排水系统由入水口（水箅子）、地下排水管网和管网出口处的排水、泵站、河道等组成。一维模型提供三种方法用于管渠的汇流计算，即恒定流法、运动波法和动力波法。恒定流法假定在每一个计算时段流动都是恒定、均匀的，是最简单的汇流计算方法。运动波法可以模拟管渠中水流的空间和时间变化，但是仍然不能考虑回水、入口及出口损失、逆流和有压流动。动力波法按照求解完整的圣维南方程组来进行汇流计算，是最准确同时也是最复杂的方法。模型建立时，对于连接管渠写出连续性和动量平衡方程，对于节点写出控制方程。动力波法可以模拟管渠的蓄变、回水、逆流和有压流动等复杂流态。

1. 控制方程

控制方程分为连续方程和动量方程，见式（4.1）～式（4.3）。

（1）连续方程：

$$\frac{\partial Q}{\partial x}+\frac{\partial A}{\partial t}=0 \tag{4.1}$$

式中：Q 为流量，m^3/s；A 为过水断面面积，m^2；t 为时间，s；x 为距离，m。

（2）动量方程：

$$gA\frac{\partial H}{\partial x}+\frac{\partial(Q^2/A)}{\partial x}+\frac{\partial q}{\partial t}+gAS_f=0 \tag{4.2}$$

式中：H 为水深，m；g 为重力加速度，取 $9.8m/s^2$；S_f 为摩阻坡度，由曼宁公式求得

$$S_f=\frac{K}{gAR^{4/3}}Q|V| \tag{4.3}$$

其中 $$K=gn^2$$

式中：n 为管道的曼宁系数；R 为过水断面的水力半径，m；V 为流速，绝对值

表示摩擦阻力方向与水流方向相反，m/s。

假设$\frac{Q^2}{A}=v^2A$，v 表示平均流速，将$\frac{Q^2}{A}=v^2A$ 代入式（4.2）中的对流加速度项$\frac{\partial\left(\frac{Q^2}{A}\right)}{\partial x}$，可得

$$gA\frac{\partial H}{\partial x}+2Av\frac{\partial v}{\partial x}+v^2\frac{\partial A}{\partial x}+\frac{\partial Q}{\partial t}+gAS_f=0 \tag{4.4}$$

将 $Q=Av$ 代入连续方程，方程两边再同时乘以 v，移项得

$$Av\frac{\partial v}{\partial x}=-v\frac{\partial A}{\partial t}-v^2\frac{\partial A}{\partial x} \tag{4.5}$$

将式（4.5）代入式（4.4）中，得

$$gA\frac{\partial H}{\partial x}-2Av\frac{\partial A}{\partial t}-v^2\frac{\partial A}{\partial x}+\frac{\partial Q}{\partial t}+gAS_f=0 \tag{4.6}$$

忽略 S_0 项，联立式（4.5）和式（4.6），依次求解各时段内每个管道的流量和每个节点的水头，有限差分格式如下：

$$Q_{t+\Delta t}=Q_t-\frac{K}{R^{4/3}}|V|Q_{t+\Delta t}+2V\Delta A+V^2\frac{A_2-A_1}{L}-gA\frac{H_2-H_1}{L}\Delta t \tag{4.7}$$

式中：下标 1 和 2 分别表示管道或渠道的上下节点；L 为管道长度，m。

由式（4.7）可求得

$$Q_{t+\Delta t}=\frac{1}{1+(K\Delta t/\overline{R}^{4/3})|\overline{V}|}\left(Q_t+2\overline{V}\Delta A+V^2\frac{A_2-A_1}{L}\Delta t-g\overline{A}\frac{H_2-H_1}{L}\Delta t\right) \tag{4.8}$$

式中：$\overline{V}$、$\overline{A}$、$\overline{R}$ 为 t 时刻的管道末端的加权平均值。

此外，为考虑管道的进出口水头损失，可以从 H_2 和 H_1 中减去水头损失。

式（4.8）的主要未知量为 $Q_{t+\Delta t}$、H_2、H_1、A_2、A_1，变量 $\overline{V}$、$\overline{A}$、$\overline{R}$ 都与 Q、H 有关系。因此，还需要有 Q 和 H 有关的方程，可以从节点方程得到。

2. 节点控制方程

管网和渠道的节点控制方程为

$$\frac{\partial H}{\partial t}=\frac{\sum Q_t}{A_{sk}} \tag{4.9}$$

式中：H 为节点水头，m；Q_t 为进出节点的流量，m^3/s；A_{sk} 为节点的自由表面积，m^2。

化为有限差分格式为

$$H_{t+\Delta t}=H_t+\frac{\sum Q_t \Delta t}{A_{sk}} \tag{4.10}$$

联立式（4.9）和式（4.10），可依次求得 t 时段内每个连接段的流量和每个节点的水头。

4.1.1.2 地表产汇流

1. 产流模型

在计算地表产流量时，需要将计算区域划分成若干个子汇水区（排水区），并将每个子汇水区概化成一个概念模型（图 4.2）。

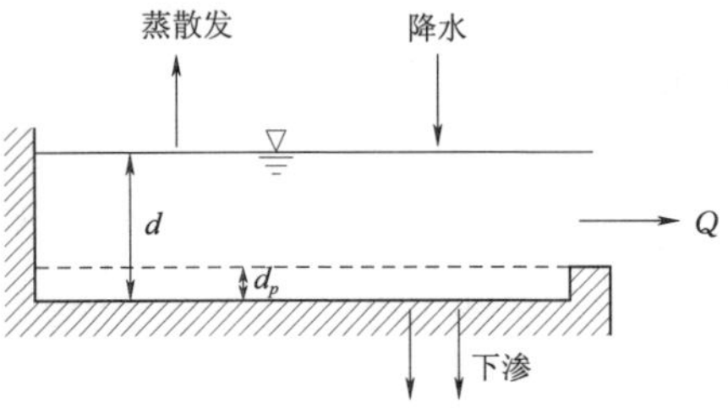

图 4.2 子汇水区概化模型示意图
（d 是指蓄水池水深，d_p 是指蓄水池最大洼蓄深度，Q 是指地表出流）

每一个子流域被概化为一个非线性蓄水池，其入流项有降水和来自上游子流域的流出量；流出项包括蒸散发、下渗和出流量。蓄水池的容量为最大洼地蓄水量，蓄水池中的水深由子流域的水量平衡计算得出，并且随着时间不断更新。只有当蓄水池水深超过最大洼地蓄水量时地表出流才会发生，其大小通过曼宁公式计算得出：

$$Q=W\frac{(d-d_p)^{5/3}S^{1/2}}{n} \tag{4.11}$$

式中：Q 为出流量，m^3/s；W 为子流域宽度，m；S 为坡度；n 为曼宁粗糙系数。

地表产流是指降雨经过损失变成净雨的过程。每个子流域产流由三部分组成：透水面积上的产流不仅要扣除洼蓄量，还要扣除下渗和蒸散发引起的初损；有洼蓄不透水面积上的产流等于其降雨量减去蒸散发和洼蓄量；无洼蓄不透水面积上的产流等于其降雨量减去蒸发损失。三种类型地表单独进行产流计算，子流域出流量等于三个部分出流量之和。

无洼蓄不透水地表上的降雨损失主要为蒸发，产流量表示为

$$R_1=P-E \tag{4.12}$$

式中：R_1 为无洼不透水地表的产流量，mm；P 为降雨量，mm；E 为蒸发量，mm。

有洼蓄不透水地表上的降雨损失主要为填洼和蒸发，产流量表示为

$$R_2=P-D-E \tag{4.13}$$

式中：R_2 为有洼不透水地表的产流量，mm；D 为洼蓄量，mm。

透水地表的降雨损失主要包括洼蓄和下渗，产流量表示为

$$R_3=(i-f-E)\times\Delta t \tag{4.14}$$

式中：R_3 为透水地表的产流量，mm；i 为降雨强度，mm/h；f 为入渗强度，mm/h；Δt 为时间间隔，h。

2. 汇流模型

流域汇流过程包括山坡汇流和河网汇流两部分。山坡汇流是指水流沿山坡的坡面和地下向管网流动和汇集的过程，包括坡面汇流、表层汇流和地下汇流；河网汇流是指水流沿河网中各级河槽向出口断面汇集的过程。

净雨沿坡面流向河网的过程，称为坡面汇流，也称坡面漫流。坡面汇流是由无数股彼此时合时离的细小水流组成，通常没有固定的流动沟槽，雨很大时形成片流。坡面汇流经坡面汇入河网，形成地表径流。坡面汇流流程较短，汇流时间也较短，大雨时，由坡面汇流汇集的地表径流是洪峰的主要水源。

表层汇流是指壤中流沿坡地侧向经表层土壤孔隙汇入河网的过程。壤中流比坡面漫流的流动速度慢，汇流时间较长，到达河槽较迟。对于历时较长的暴雨，其数量较大，往往成为河流水量的主要组成部分。坡面流和壤中流经常相互转化，坡面流可以下渗成为壤中流汇集河道，同样，壤中流也可以在坡脚处出露成为坡面流汇集于河道。因此，在实际工作中，经常将壤中流和坡面流统称为地表径流。

地下汇流是指水流沿着地下水水力坡度流向河网的过程。地下水的流动缓慢，汇流时间最长，较大河流可以终年不断。地下水在枯水季节补给河流的水量称为河流的基流。

经过山坡汇流调蓄之后，进入河网的水流过程比净雨过程更加平缓，持续时间也更长，即山坡汇流过程实现了对净雨的再一次分配。

坡地汇流过程汇集的水量进入河网之后，河槽水量增加，水位升高，形成河流洪水的涨水阶段，随着降雨和坡地汇流的减少，河槽中水量减少，水位降低，河槽中储存的水量逐渐排出，形成河流洪水的退水阶段。河道中水量涨水蓄存，退水消退的现象称为河槽的调蓄作用。通过河道的调蓄作用，流域出口的流量过程，比山坡汇流汇集入河网的过程更加缓慢，也就实现了对净雨的第二次分配。河网汇流过程，对于实际的流域防洪、修建水利设施的意义重大。

4.1.1.3 地表径流二维模拟

采用守恒形式的二维浅水方程，如式（4.15）：

$$\frac{\partial \boldsymbol{U}}{\partial t}+\frac{\partial \boldsymbol{E}^{\mathrm{adv}}}{\partial x}+\frac{\partial \boldsymbol{G}^{\mathrm{adv}}}{\partial y}=\frac{\partial \boldsymbol{E}^{\mathrm{diff}}}{\partial x}+\frac{\partial \boldsymbol{G}^{\mathrm{diff}}}{\partial y}+S \tag{4.15}$$

其中

$$\boldsymbol{S}=\begin{bmatrix}0\\g(h+b)S_{0x}\\g(h+b)S_{0y}\end{bmatrix}+\begin{bmatrix}0\\-ghS_{fx}\\-ghS_{fy}\end{bmatrix}+\begin{bmatrix}r-i\\0\\0\end{bmatrix}+\begin{bmatrix}0\\S_{wx}\\S_{wy}\end{bmatrix}+\begin{bmatrix}0\\fhv\\-fhu\end{bmatrix}$$

$$\boldsymbol{E}^{\mathrm{adv}}=\begin{bmatrix}hu\\hu^2+\frac{1}{2}g(h^2-b^2)\\huv\end{bmatrix}\quad \boldsymbol{G}^{\mathrm{adv}}=\begin{bmatrix}hv\\huv\\hv^2+\frac{1}{2}g(h^2-b^2)\end{bmatrix}\tag{4.16}$$

$$\boldsymbol{E}^{\mathrm{diff}}=\begin{bmatrix}0\\2h\mu_{\mathrm{t}}\frac{\partial u}{\partial x}\\h\mu_{\mathrm{t}}\left(\frac{\partial u}{\partial y}+\frac{\partial v}{\partial x}\right)\end{bmatrix}\quad \boldsymbol{G}^{\mathrm{diff}}=\begin{bmatrix}0\\h\mu_{\mathrm{t}}\left(\frac{\partial u}{\partial y}+\frac{\partial v}{\partial x}\right)\\2h\mu_{\mathrm{t}}\frac{\partial v}{\partial y}\end{bmatrix}$$

式中：$\boldsymbol{U}$ 为守恒向量；$\boldsymbol{E}^{\mathrm{adv}}$、$\boldsymbol{G}^{\mathrm{adv}}$ 分别为 x、y 方向的对流通量向量；$\boldsymbol{E}^{\mathrm{diff}}$、$\boldsymbol{G}^{\mathrm{diff}}$ 分别为 x、y 方向的扩散通量向量；$\boldsymbol{S}$ 为源项向量；h 为水深；u、v 分别为垂直方向平均流速在 x、y 方向的分量；b 为底高程；r 为降水强度；i 为入渗强度；μ 为水平方向的紊动黏性系数；g 为重力加速度；S_{fx}、S_{fy} 分别为 x、y 方向的摩阻斜率；S_{0x}、S_{0y} 分别为 x、y 方向的底坡斜率，如式（4.17）：

$$\begin{cases}S_{0x}=-\dfrac{\partial b(x,y)}{\partial x}\\S_{0y}=-\dfrac{\partial b(x,y)}{\partial y}\end{cases}\tag{4.17}$$

采用曼宁公式计算摩阻斜率，式（4.18）：

$$\begin{cases}S_{fx}=\dfrac{n^2u\sqrt{u^2+v^2}}{h^{4/3}}\\S_{fy}=\dfrac{n^2u\sqrt{u^2+v^2}}{h^{4/3}}\end{cases}\tag{4.18}$$

式中：n 为曼宁系数，与地形地貌、地表粗糙程度、植被覆盖等下垫面情况有关，一般结合经验给定曼宁系数值。

采用下式代数关系计算紊动黏性系数：

$$v_t=\alpha\kappa u_* h\tag{4.19}$$

式中：α 为比例系数，一般取 0.2；κ 为卡门系数，取 0.4；u 为床面剪切流速。

采用边界拟合能力强和易于局部网格加密的三角形网格剖分计算域，利用基于水位-体积关系的斜底三角单元模型，有效解决了小尺度线状地形模拟难题；以能够有效捕获激波的 Godunov 型有限体积法为框架，运用在时间上和空间上均具有二阶精度的 MUSCL－Hancock 预测-校正格式离散洪水控制方程，采用 HLLC 近似 Riemann 算子计算对流数值通量，采用直接近似方法计算扩散数值通量，并结合斜率限制器以保证模型的高分辨率特性，避免在间断或大梯度解附近产生非物理虚假振荡；基于单元中心型底坡项近似方法，在不使用任何额外动量通量校正项的前提下，模型能保持通量梯度与底坡项之间的平衡，即模型具有和谐性质；采用半隐式格式处理摩阻项，该半隐式格式既能保证不改变流速分量的方向，也能避免小水深引起的非物理大流速问题，有利于计算稳定性；实现了固壁、水位、流量、自由出流等边界条件；基于 CFL 稳定条件实现了数值模型的自适应时间步长技术。

地表二维模型建立时首先要依据研究区边界对网格边界进行提取，在边界范围内对二维网格进行初步剖分工作，使得网格覆盖整个研究区域。对于重点关注的区域，如易涝点、特殊洼地地形等要进行二维网格的详细加密工作。然后依据高精度的 DEM 模型对网格高程进行提取。其中 DEM 是描述城市地表地形地貌特征的基础，也是分析地表淹水的必要条件。DEM 模型的构建通常需基于区域实测高程点，通过空间插值的方式建立地表数字高程模型，从而实现对地面高程起伏变化的描述。实测高程点数据精度需尽量精细，一般需要获取不低于 1：2000 精度的地形测绘图纸，重要地区（如下凹道路、重点内涝积水关注区）的地形测绘精度则需进一步提高。

网格高程提取后，依据二维网格数据来构建地表二维模型，并设置相关参数，同时针对特殊地形及研究边界区域的网格要对网格的边界进行详细处理，使得网格与地形尽量吻合，保证较高的模拟精度。对模型进行运行调试并对模拟参数进行调整，以保证模型具有较高运行效率。对于地表严重低洼且明显与实际不符的区域，要进行适当的填洼处理，以保证地形与实际尽量相符。模型的模拟结果，淹没范围、淹没深度等在结果展示前进行输入格式及渲染图层的转换工作，为模拟结果的渲染展示提供支撑。依据适当处理后的模拟结果进行地表积水过程的渲染展示。根据实际监测的淹没数据对模型参数进行率定修正工作，确保模拟结果符合实际情况。

4.1.1.4 一维与二维耦合模拟

一维河道与河道左右岸的二维淹没区通过侧向连接方式实现一维与二维数学模型的堤防型侧向联解。在未发生溃堤或漫堤时，进行一维河网非恒定流计算。当发生溃堤或漫堤后，开始进行一二维联解数学模型计算：通过一维河网水动力学模型计算将联解界面处的水位传递给二维数学模型，进而根据二维水动力学模型计算得到联解界面处的流量，再传递回给一维数学模型，一维二维耦合模型。

目前地表洪水模型与地下管网模型的耦合通常做法是计算交换水量，然后代入各自模型中计算，更新到下一步，交换水量采用下式进行计算：

$$Q=M(H_{\text{node}}-H_{\text{surface}})W_{\text{crest}}\sqrt{2g\,|H_{\text{node}}-H_{\text{surface}}|}\;\frac{|H_{\text{node}}-H_{\text{surface}}|}{\max(H_{\text{node}}-H_{\text{surface}})-H_g} \tag{4.20}$$

式中：H_{surface} 为地面水头；W_{crest} 为节点井室面积；H_{node} 为排水管道水头；M 为流量系数；H_g 为地表高程。

交换水量计算后，需要做两方面的校核：

（1）由于一个网格单元可能对应很多个管网节点，需要以二维网格单元为单位校核拟交换水量是否超过单元现有总水量，即可能出现二维网格单元中总水量不够，无法满足当前与众多管网节点计算的交换流量，出现这种情况时，需要按比例减少交换水量。

（2）由于交换水量是根据当前步结果显式计算的，未考虑下一时段网格单元以及管道的来水量，可能会出现交换流量过大的情况。若上一时间步二维网格与管网节点之间水流交换方向为网格单元流入管网节点，而上一步计算完成后，该节点出现溢流，说明上一步交换水量过多，需要将当前步中网格单元的水量增加该溢流值，以满足水量平衡。

4.1.2 模型构建

4.1.2.1 模型构建思路

本书构建的内涝模型，包括一维管网模型、地表产汇流模型、二维地表模型、一维与二维耦合模型。降落到地面的雨水发生下渗，当降雨强度小于土壤下渗能力时，雨水全部下渗；当降雨强度大于土壤下渗能力时，雨水先按照下渗能力下渗，超出下渗的部分形成地表径流，开始填充地面洼地。随着降雨的持续，填洼完成后开始产生坡面流，坡面流汇入河道或管网检查井中。流入河道中的坡面流形成河道径流，流入管网检查井的流量先在管段中滞留，超出管网容纳能力后，一部分通过管段汇入河网，另一部分通过检查井溢流回到地表，形成地表淹没。因此，内涝模型首先构建一维排水管网模型，然后通过地表产汇流模型计算汇水区汇聚的水量过程，然后构建地表二维模型，将一维管网模型与二维地表模型耦合，完成内涝模型的构建。构建思路如图4.3所示。

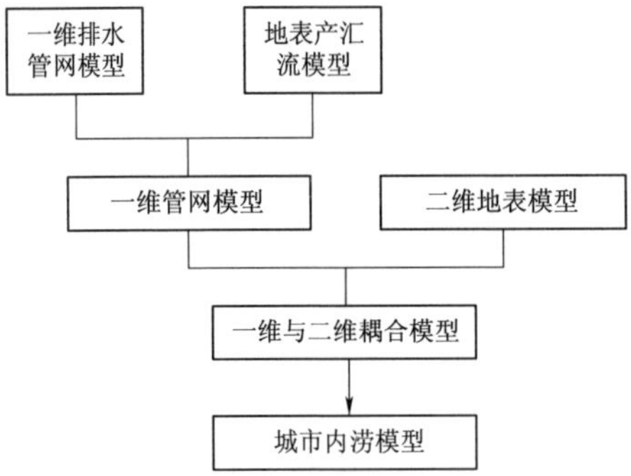

图4.3 模型构建思路框架图

4.1.2.2 一维管网模型构建

1. 排水管网拓扑检查

管网节点、排水管道和汇水区等要素之间存在着特定的拓扑关系，构建完整、准确的排水管网拓扑关系对于排水管网模型构建至关重要，将直接影响管网模型模拟计算结果的准确性。但在现实的建模工作中，现有管网数据的拓扑关系往往较为混乱，甚至于没有严格意义上的拓扑关系，以至于排水管网与实际也相差甚远。对于这些错误的拓扑关系，必须对其进行检查与修正，以确保模型构建的效率与准确性。针对石家庄管网数据，其不符合拓扑规则的典型数据问题主要有以下几类：

（1）孤立存在的多根管线（图 4.4）。

1）问题描述：管线与管网缺失连接管段。

2）修补测内容：对于孤立多根平行管线，作删除处理，而对于孤立多根垂直管线，则需要添加管段连接，管径取下游管径值。

（2）孤立节点（图 4.5）。

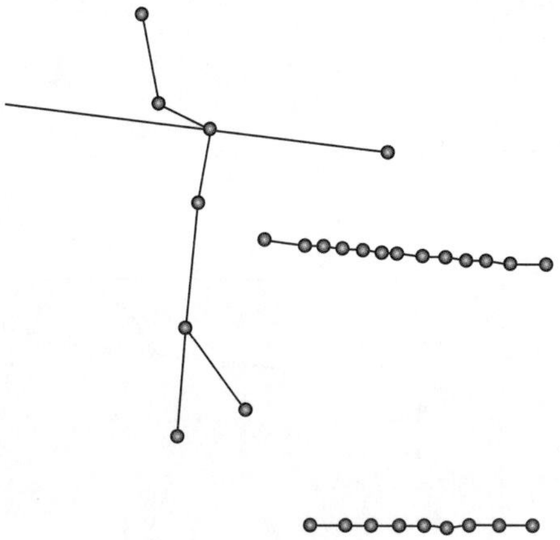

图 4.4　孤立管线示意图

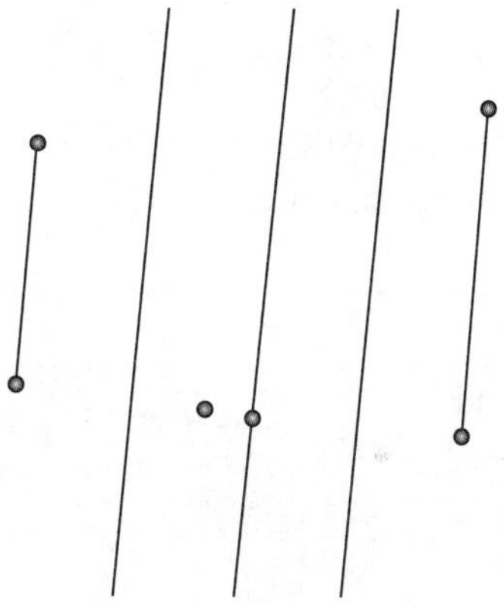

图 4.5　孤立节点示意图

1）问题描述：节点没有管段连接，通常是由于上下游管段缺失造成。

2）修补测内容：查看节点类型，复查节点是否有上下游管段。如果有，需要将其添加完成。

（3）孤立管网（图 4.6）。

1）问题描述：连接管段缺失造成。

2）修补测内容：确定连接管段位置，加管连接，管径取下游管径值。

（4）管网缺少出水口（图 4.7）。

1）问题描述：管道下游缺少出水口。

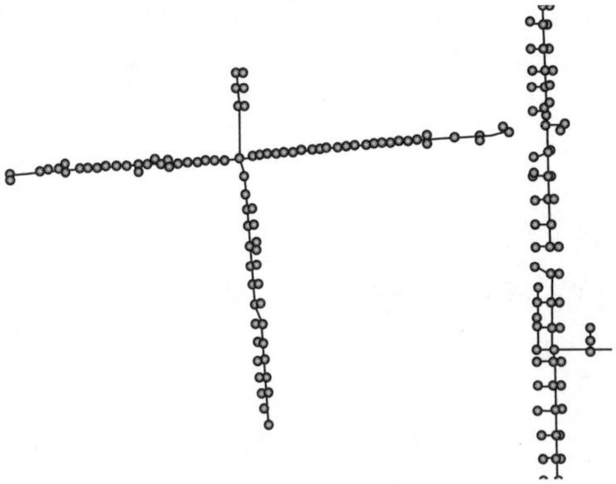

图 4.6 孤立管网示意图

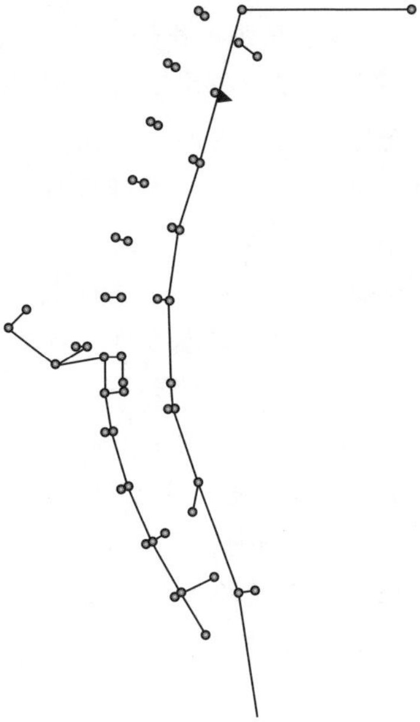

图 4.7 出水口缺少示意图

2）修补测内容：就近排入河流或接入下游管网。

(5) 泵站管线缺失（图 4.8）。

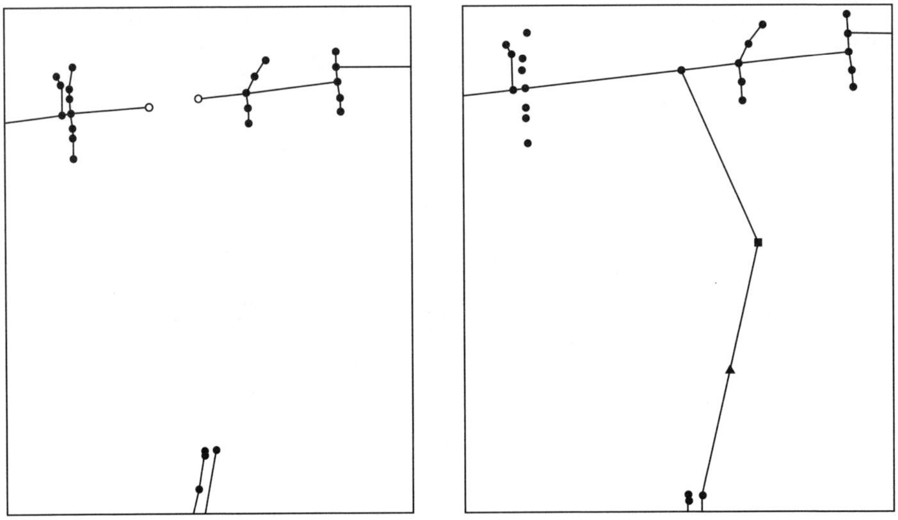

(a) 修改前

(b) 修改后

图 4.8 泵站修改示意图

1）问题描述：泵站缺少上下游节点数据，根据泵站周围管网节点高程与管段。

2）修补测内容：根据泵站周围管网节点高程与管段，确定上下游，并在泵前设置调蓄池。

（6）属性数据缺失。

1）问题描述：构建城市排水管网模型需要详细的管道、检查井、泵站的属性信息，这些属性数据在测绘过程中由于工作疏漏或检查井周围地形状况不满足测绘条件等原因容易造成部分排水管网数据要素的属性数据缺失。

2）修补测内容：查看普查数据，地面高程缺失的数据利用 GIS 方法自动插值，管底、井底高程和管道尺寸缺失的根据上下游分析，依据城市管网布置原则进行插值。如果不能确定，需要到现场进行实地勘察补测，保证数据准确。

2. 数据导入与模型构建

数据处理完成后，一维管网模型的构建步骤主要包括导入排水管道和管网节点数据，管段编号、描述信息、上游节点编号、下游节点编号、管道最大深度、管段长度、管道粗糙系数、上游偏移量、下游偏移量、横截面类型（圆管、矩形管）、横截面几何参数、管网检查井内底标高、最大深度等值。通过对排水管网处理，完成一维管网模型的构建，总共包含 78051 根管段、78106 个节点和 455 个出水口，一维管网模型分布如图 4.9 所示。

图 4.9　一维管网模型分布图

4.1.2.3　地表产汇流模型

地表产汇流模型构建的关键在于下垫面的概化处理和子汇水区的划分。根据石家庄主城区收集的用地数据，考虑到模型的计算效率，将石家庄下垫面概化为建筑、水系、绿地、道路和其他 5 种下垫面类型，各类型用地的空间分布如图 4.10 所示。

图 4.10　石家庄主城区下垫面用地分布

对于子汇水区的划分主要有人工划分和自动划分两种，人工划分根据研究区域雨水管线走向、地形与下垫面情况，确定检查井汇集雨水区域范围，该方法虽然准确，但是对研究人员经验要求较高，划分费时费力。考虑到石家庄主城区模型的数据复杂性，采用自动划分方法，即按照泰森多边形法则，以检查井分布情况为依据，完成子汇水区的划分。

完成子汇流区的划分后，需进行产汇流模型的数据设置，地表产汇流模型的数据主要是指流域汇水区数据，包括汇水区编号、雨量计、出水口、面积、宽度、排干时间、坡度、不渗透性、最大渗透速率、最小渗透速率、衰减系数、不渗透性粗糙系数 N 值、渗透性粗糙系数 N 值、不渗透性洼地蓄水、渗透性洼地蓄水、无洼地蓄水不渗透性、子面积演算类型、演算百分比等值，这些数据已在汇水区绘制与处理部分计算完成。

输入成功后，一维模型构建完成，如图 4.11 所示。

4.1.2.4　地表二维模型

二维城市淹没模型以三角形网格为计算单元，根据研究区域地形变化情况模拟积水在地表演进过程，模拟准确程度与研究区域高程基础数据质量高低以及网格化单元大小设置密切相关。构建地表二维模型时，根据提供的高程点 shp

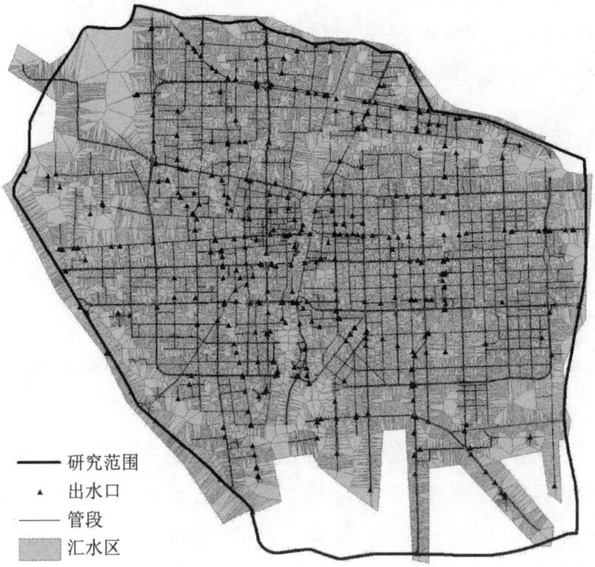

图 4.11　一维模型示意图

文件中的坐标与高程值，构建高程 txt 文档，在模型中制作地面不规则三角网（TIN）模型。对建好后的地面 TIN 模型进行网格的剖分，网格最大面积为 $150m^2$，最小面积为 $100m^2$，并对主城区内涝积水点再进行局部网格细化处理，如图 4.12 所示。

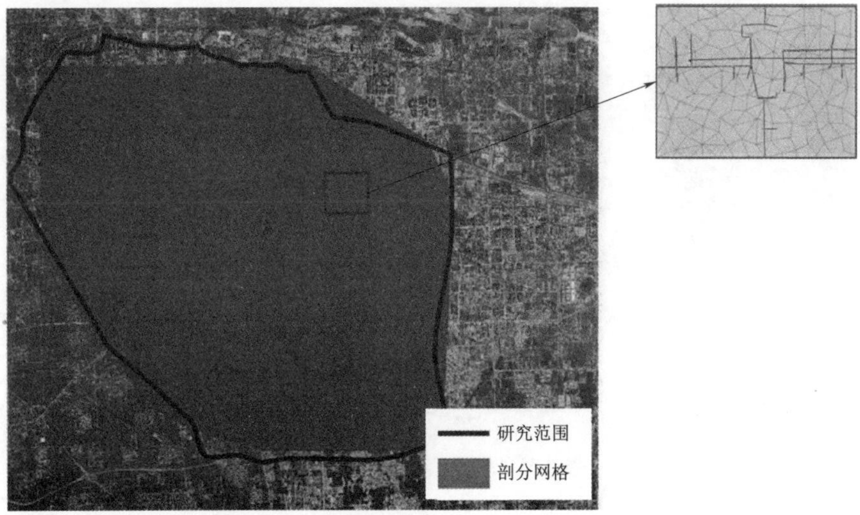

图 4.12　石家庄主城区地表二维高程模型

4.1.2.5 一维与二维耦合模型

在一维管网模型和二维地表模型均构建成功的基础上，修改检查井节点属性，并对二维网格选择剖分网格要素，完成内涝模型的耦合。

4.1.3 模型率定与验证

模型的计算结果包括地表淹没和管网溢流两部分，由于缺少管网和河道的监测数据，无法通过管网或河道的水位监测数据进行率定，只能将模拟得到的地表淹没范围与实际监测的淹没范围对比，通过调整模型的产汇流参数，使模拟结果和实际结果相符合。

模型采用的率定数据是2020年最大的三场降雨导致的淹没范围数据，利用同等降雨量的设计降雨作为雨量计的时间序列输入条件，模拟计算淹没范围。由于建模时所选取的产汇流参数是经验值，不一定完全适用于石家庄区域，所以当模拟结果和实际淹没结果不相符时，选取结果差异较大的部分，查看其下垫面类型，调整对应类型的产汇流参数，重新运算模型，直到淹没范围的模拟情况和实际情况符合。

利用收集到的2020年6月29日降雨淹没范围进行率定，结果如图4.13所示。

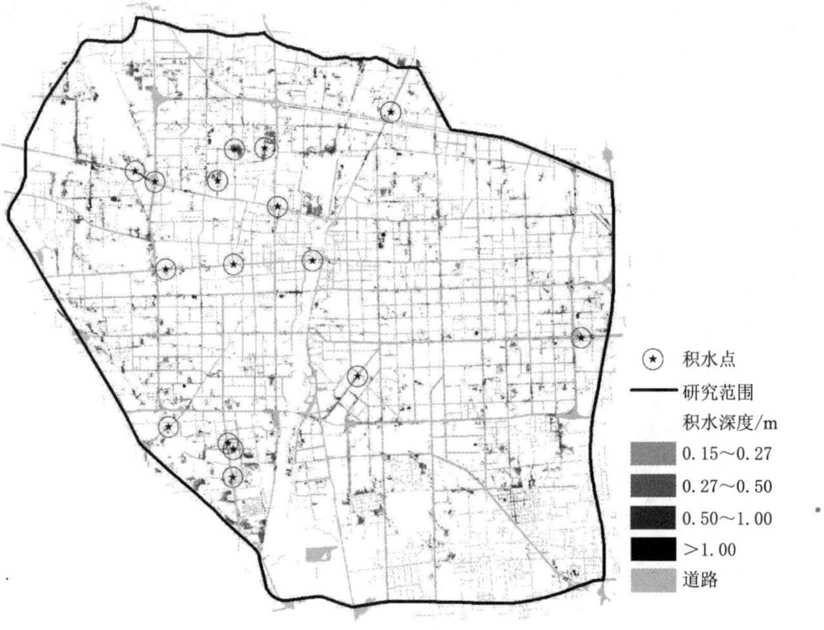

图4.13 2020年6月29日降雨淹没范围与模拟计算对比图

利用收集到的2020年7月9日降雨淹没范围进行率定，结果如图4.14所示。

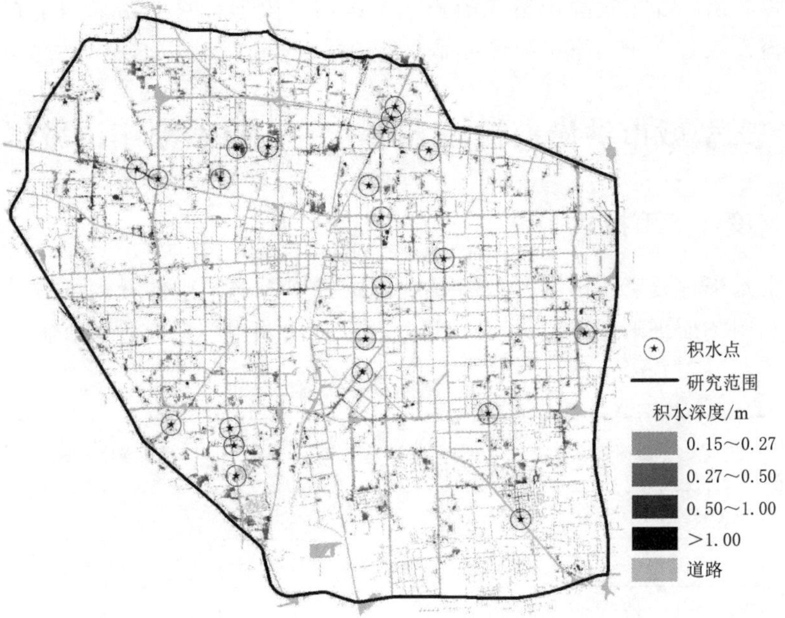

图 4.14　2020 年 7 月 9 日降雨淹没范围与模拟计算对比图

利用收集到的 2020 年 8 月 6 日降雨淹没范围进行率定，结果如图 4.15 所示。

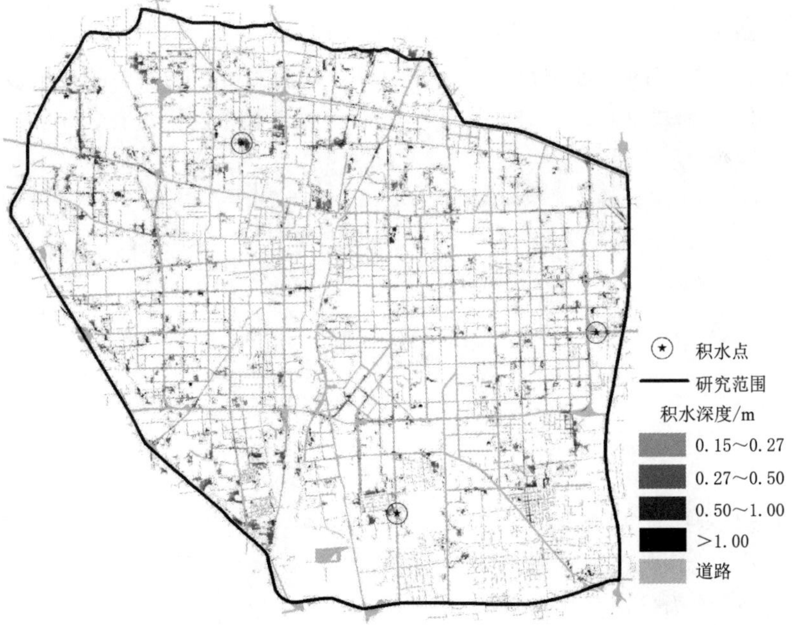

图 4.15　2020 年 8 月 6 日降雨淹没范围与模拟计算对比图

可以看出，在率定降雨造成的积水范围内，模型计算的结果基本在此部分也处于淹没状态，表明率定结果可靠，准确性较高。

4.2 典型城市洪涝模拟技术研究——以石家庄市城区为例

4.2.1 设计降雨推求

本书基于《石家庄市城区暴雨强度公式技术报告》中的暴雨强度公式（表 4.1），利用芝加哥雨型建 2h 设计降雨过程线，作为模型模拟的降雨输入。

表 4.1 石家庄单一重现期暴雨强度公式

重现期 P/年	暴雨强度公式	重现期 P/年	暴雨强度公式
1	$3595.009(1+1.148\lg P)/(t+14.32)^{1.149}$	10	$2259.176(1+0.849\lg P)/(t+11.99)^{0.749}$
2	$2867.557(1+0.914\lg P)/(t+14.05)^{0.843}$	20	$2099.357(1+0.833\lg P)/(t+11.53)^{0.729}$
3	$2676.342(1+0.886\lg P)/(t+13.45)^{0.807}$	30	$1879.919(1+0.821\lg P)/(t+10.65)^{0.705}$
5	$2497.652(1+0.862\lg P)/(t+12.61)^{0.781}$	50	$1800.427(1+0.812\lg P)/(t+9.911)^{0.691}$

本书利用芝加哥雨型推求设计暴雨过程。芝加哥雨型是基于某一重现期的暴雨公式以及综合雨峰位置系数，推求得到设计降雨过程。本次推求，综合雨峰位置系数 r_i 取 0.375，峰前的瞬时强度为 i_{before}，相应历时为 t_b，峰后的瞬时强度为 i_{after}，相应的历时为 t_a。以雨峰为界，峰前和峰后的瞬时暴雨强度分别采用式（4.21）和式（4.22）进行计算，从而计算出整个降雨过程。

$$i_{\text{before}}=\frac{a\left[(1-c)\dfrac{t_b}{r}+b\right]}{\left(\dfrac{t_b}{r}+b\right)^{1+c}} \tag{4.21}$$

$$i_{\text{after}}=\frac{a\left[(1-c)\dfrac{t_a}{1-r}+b\right]}{\left(\dfrac{t_a}{1-r}+b\right)^{1+c}} \tag{4.22}$$

式中：i_{before} 为峰前的瞬时降雨强度，mm/min；i_{after} 为峰后的瞬时降雨强度，mm/min；r 为雨峰系数；峰前历时 $t_b=rt_b$，min；峰后历时 $t_a=(1-r)t_d$，min；a、b、c 为暴雨公式参数。

不同重现期的设计降雨雨型和最大降雨强度见图 4.16 和表 4.2。

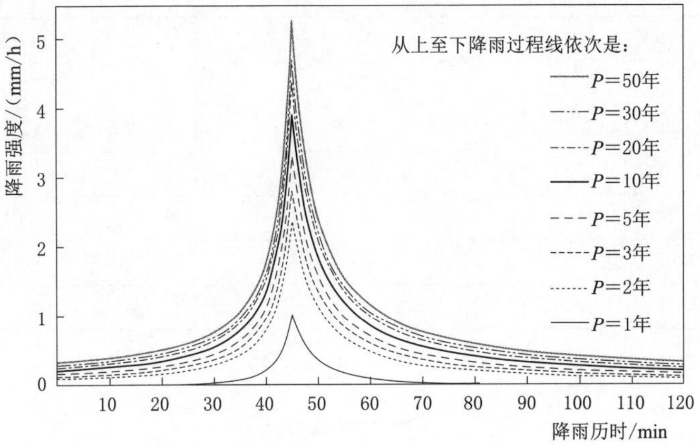

图 4.16 石家庄主城区 2h 设计降雨过程线

表 4.2 **石家庄不同重现期的最大降雨强度表**

重现期/年	最大降雨强度/(mm/h)	降雨总量/mm
1	60.666	9.3520
2	141.582	42.4773
3	167.964	52.9617
5	198.660	63.5495
10	233.502	77.8351
20	264.420	90.1128
30	281.982	96.8121
50	315.492	107.1918

4.2.2 内涝模拟与分析

4.2.2.1 内涝模拟：1 年一遇

1. 计算方案

石家庄主城区发生降雨时段 2h，1 年一遇设计降雨，遭受洪涝影响的情况。

2. 计算结果

当设计降雨情景为 1 年一遇时，最大水深情况见表 4.3，淹没面积 1.56hm^2，最大水深 1.566m。最大淹没水深超过 1m 的地表面积为 0.10hm^2，绝大部分区域始终未发生淹没。

最大淹没水深分布如图 4.17 所示。

表 4.3　　设计降雨 1 年一遇时最大水深表

最大淹没水深/m	地表面积/hm²	百分比/%
<0.15	21970.84	99.9929
0.15～0.27	0.98	0.0045
0.27～0.50	0.22	0.0010
0.50～1.00	0.26	0.0012
>1.00	0.10	0.0004
总　计	21972.40	100.00

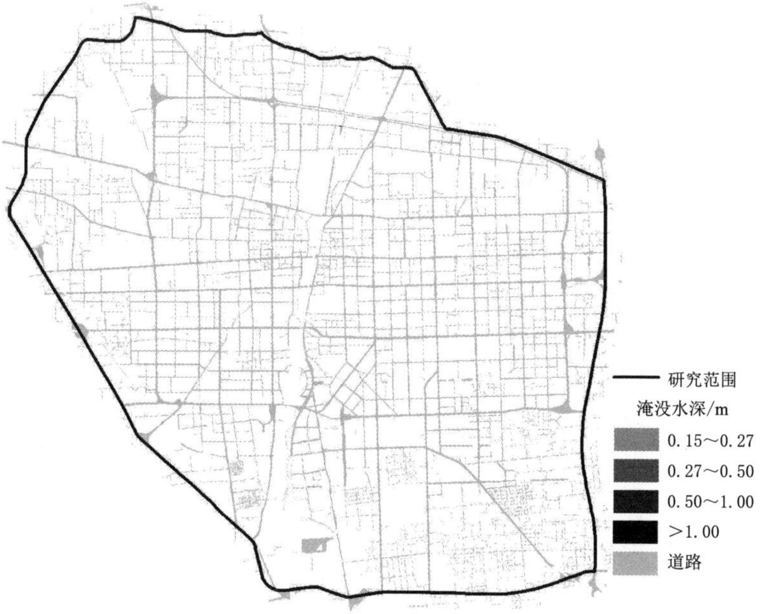

图 4.17　石家庄主城区 1 年一遇降雨模拟最大淹没水深分布图

此时，淹没历时情况见表 4.4，超过 1h 的地表面积为 14.28hm²。

表 4.4　　设计降雨 1 年一遇时淹没历时表

最大淹没历时/min	地表面积/hm²	百分比/%
0	21892.60	99.64
0～30	33.23	0.15
30～60	32.39	0.15
>60	14.28	0.06
总　计	21972.50	100.00

淹没历时分布如图 4.18 所示。

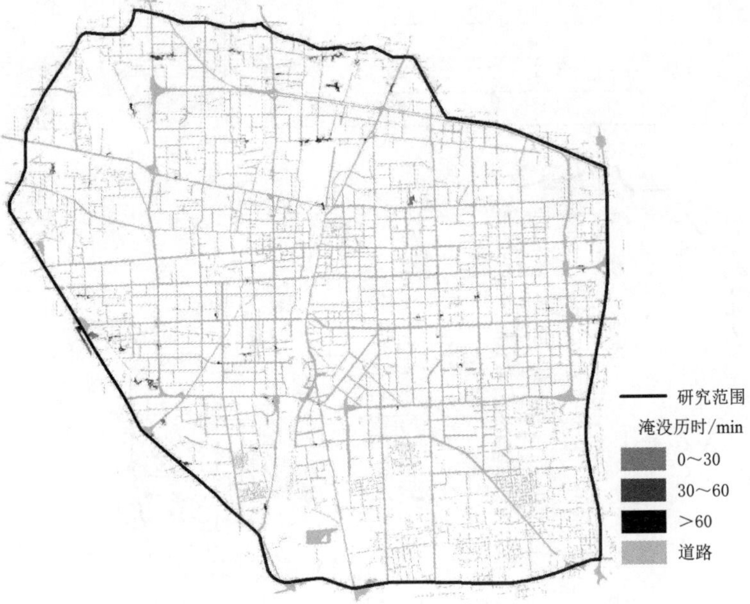

图 4.18 石家庄主城区 1 年一遇降雨模拟淹没历时分布图

管段充满度分布见表 4.5，满管管段长度 262.51km，占比 22.21%。

表 4.5 设计降雨 1 年一遇时管段充满度分布表

管段充满度	管段总长/km	百分比/%
<0.5	650.92	55.06
0.5～1.0	268.77	22.73
1.0	262.51	22.21
总 计	1182.20	100.00

各管段充满度分布情况如图 4.19 所示。

管网节点溢流量分布见表 4.6。其中，溢流量超过 200m^3 的节点共有 12 个，占比 0.01%。

表 4.6 设计降雨 1 年一遇时节点溢流量分布表

节点溢流量/m^3	节点数/个	百分比/%
0	76633	98.12
0～200	1461	1.87

续表

节点溢流量/m³	节点数/个	百分比/%
200～500	8	0.01
500～1000	2	0
>1000	2	0
总　计	78106	100.00

图 4.19　石家庄主城区 1 年一遇降雨时管段充满度分布图

各节点溢流量分布情况如图 4.20 所示。

当遭遇 1 年一遇设计降雨时，石家庄主城区无成片淹没区域，较为零散，积水普遍低于 0.15m，98.11%的节点无溢流，基本无积水灾害发生。通过模拟表明，在设计降雨强度在 1 年一遇的情景下，排水管网系统抵御暴雨的能力较强，容纳能力较好。

4.2.2.2　内涝模拟：2 年一遇

1. 计算方案

石家庄主城区发生降雨时段 2h，2 年一遇设计降雨，遭受洪涝影响的情况。

2. 计算结果

当设计降雨情景为 2 年一遇时，淹没面积 339.33hm²，最大水深 4.282m。

此时，最大淹没水深情况见表 4.7，淹没水深超过 1m 的地表面积为 9.02hm²，占比 0.04%。

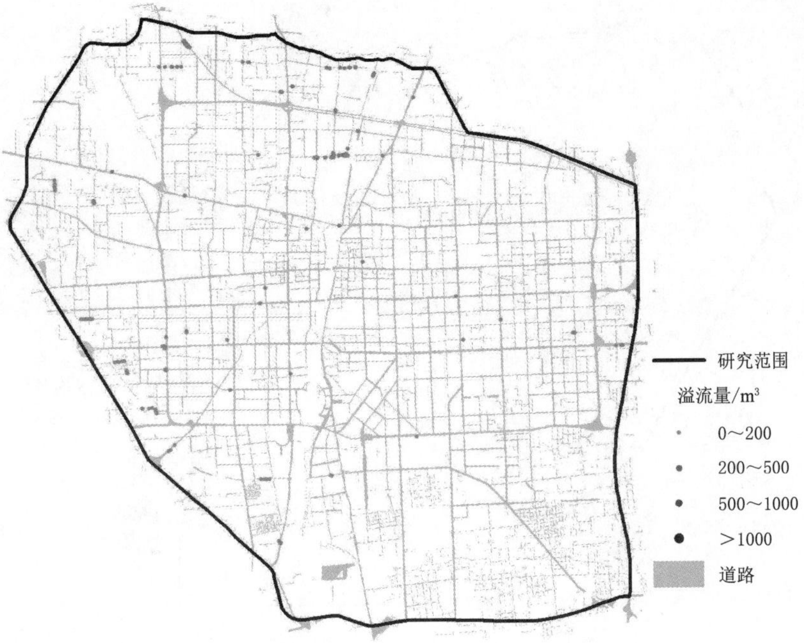

图 4.20　石家庄主城区 1 年一遇降雨时节点溢流量分布图

表 4.7　　设计降雨 2 年一遇时最大淹没水深表

最大淹没水深/m	地表面积/hm^2	百分比/%
<0.15	21633.07	98.46
0.15～0.27	225.49	1.03
0.27～0.50	81.99	0.37
0.50～1.00	22.83	0.10
>1.00	9.02	0.04
总　计	21972.40	100.00

最大淹没水深分布如图 4.21 所示。

此时，淹没历时超过 1h 的地表面积为 874.95hm^2，占比 3.98%。见表 4.8。

表 4.8　　设计降雨 2 年一遇时淹没历时表

最大淹没历时/min	地表面积/hm^2	百分比/%
0	19555.48	89.00
0～30	559.51	2.55
30～60	982.46	4.47
>60	874.95	3.98
总　计	21972.40	100.00

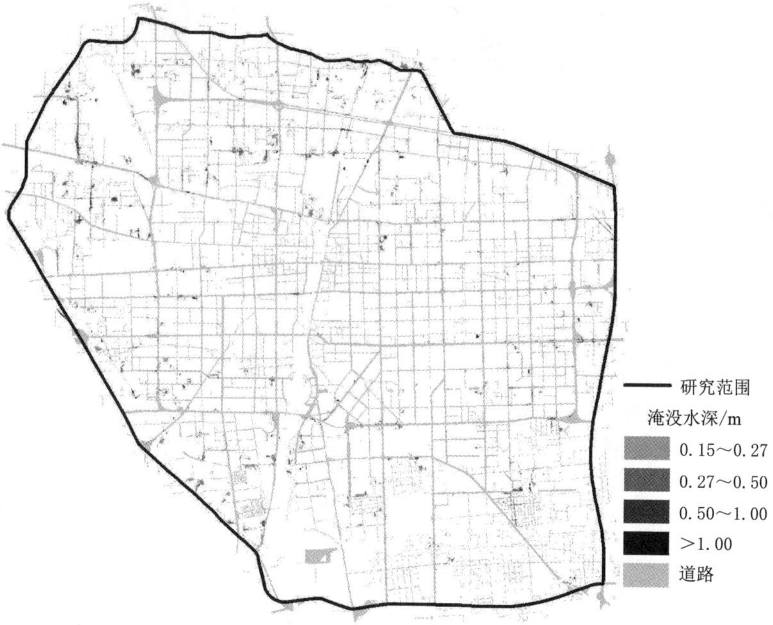

图 4.21 石家庄主城区 2 年一遇降雨模拟最大淹没水深分布图

淹没历时分布如图 4.22 所示。

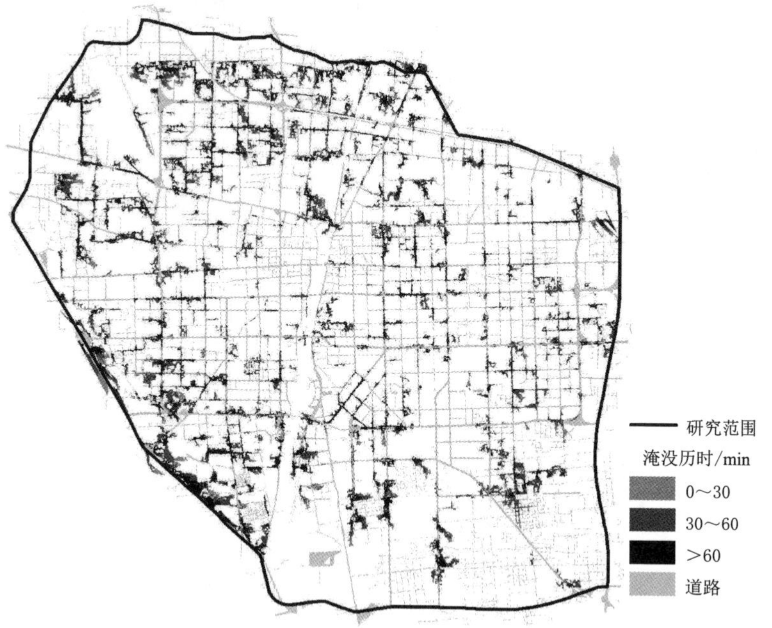

图 4.22 石家庄主城区 2 年一遇降雨模拟淹没历时分布图

管段充满度分布见表4.9，达到满管的管段长度达954.08km，占比80.70%。

表4.9　设计降雨2年一遇时管段充满度分布表

管段充满度	管段总长/km	百分比/%
<0.5	117.17	9.91
0.5～1.0	110.95	9.39
1.0	954.08	80.70
总　计	1182.20	100.00

各管段充满度分布如图4.23所示。

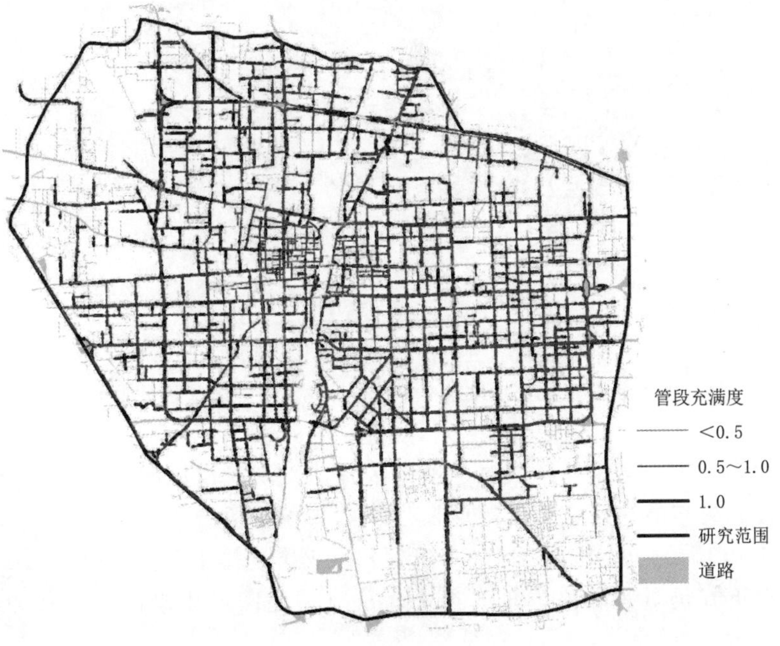

图4.23　石家庄主城区2年一遇降雨时管段充满度分布图

此时，管网节点和河道节点溢流量情况见表4.10。

表4.10　设计降雨2年一遇时节点溢流量分布表

节点溢流量/m^3	节点数/个	百分比/%
0	39159	50.13
0～200	37185	47.61
200～500	1293	1.66
500～1000	322	0.41
>1000	147	0.19
总　计	78106	100.00

各节点溢流量分布情况如图 4.24 所示。

图 4.24　石家庄主城区 2 年一遇降雨时节点溢流量分布图

当达到 2 年一遇设计降雨时，主城区开始出现淹没区域，其中北城路泰华街口、高东街与高柱路交汇处等地发生积水灾害，但产生积水的较大部分区域积水低于 0.15m，98.45%的区域未发生积水灾害，排水管网系统在为 2 年一遇降雨情况下，仍具有较好的抵御能力。重点关注区域积水情况分布如图 4.25 所示。

4.2.2.3　内涝模拟：3 年一遇

1. 计算方案

石家庄主城区发生降雨时段 2h，3 年一遇设计降雨，遭受洪涝影响的情况。

2. 计算结果

当设计降雨情景为 3 年一遇时，淹没面积 543.19hm²，最大水深 4.458m。这是因为前两个设计情景还在排水管网的防洪标准以内，管网容纳了降落的雨水，没有造成太大的淹没灾情，延迟了地表淹没最大时刻的来临。而从 3 年一遇设计降雨情景开始，超出了排水管网的承受能力。

最大淹没水深情况见表 4.11，此时，最大淹没水深超过 1m 的地表面积为 14.51hm²，占比 0.07%。

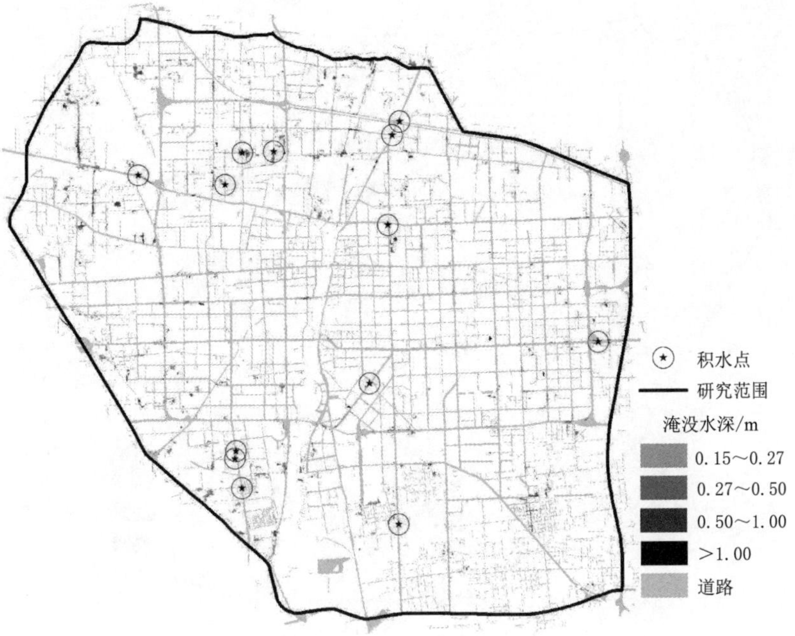

图 4.25 石家庄主城区 2 年一遇降雨时重点关注区域积水情况分布图

表 4.11 设计降雨 3 年一遇时最大淹没水深表

最大淹没水深/m	地表面积/hm^2	百分比/%
<0.15	21429.21	97.53
0.15～0.27	353.51	1.61
0.27～0.50	139.16	0.63
0.50～1.00	36.01	0.16
>1.00	14.51	0.07
总　计	21972.40	100.00

最大淹没水深分布如图 4.26 所示。

淹没历时情况见表 4.12，超过 1h 的地表面积为 1358.67hm^2，占比 6.18%。

表 4.12 设计降雨 3 年一遇时淹没历时表

最大淹没时/min	地表面积/hm^2	百分比/%
0	18730.42	85.25
0～30	676.42	3.08
30～60	1206.85	5.49
>60	1358.67	6.18
总　计	21972.36	100.00

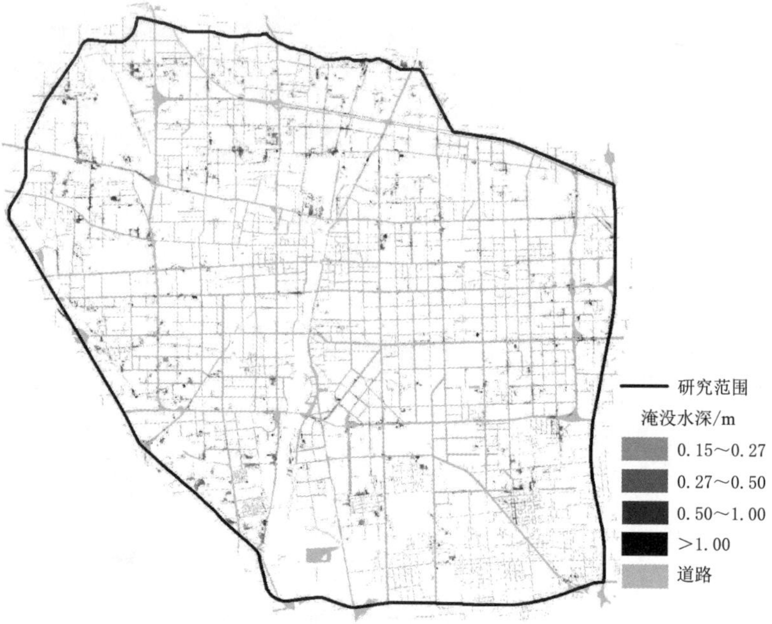

图 4.26 石家庄主城区 3 年一遇降雨模拟最大淹没水深分布图

淹没历时分布如图 4.27 所示。

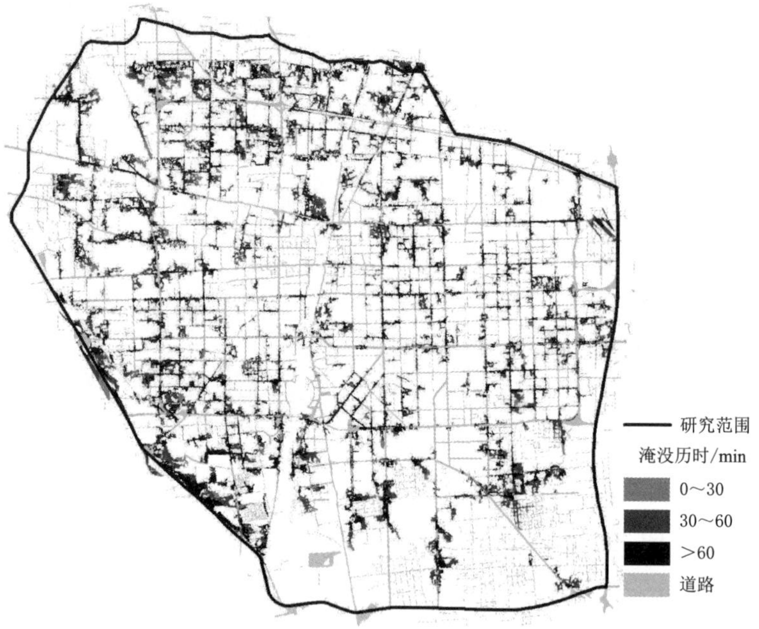

图 4.27 石家庄主城区 3 年一遇降雨模拟淹没历时分布图

管段充满度情况见表4.13，管网中达到满管的管道长度达到1005.84km，占比85.08%。

表4.13　　设计降雨3年一遇时管段充满度分布表

管段充满度	管段总长/km	百分比/%
<0.5	85.45	7.23
0.5～1.0	90.91	7.69
1.0	1005.84	85.08
总　计	1182.20	100.00

各管段充满度分布如图4.28所示。

图4.28　石家庄主城区3年一遇降雨时管段充满度分布图

此时，管网节点和河道节点溢流量分布见表4.14。其中，溢流量超过1000m³的节点共有245个，占比0.31%。

表4.14　　设计降雨3年一遇时节点溢流量分布表

节点溢流量/m³	节点数/个	百分比/%
0	31003	39.69
0～200	44231	56.63

续表

节点溢流量/m^3	节点数/个	百分比/%
200～500	2083	2.67
500～1000	544	0.70
>1000	245	0.31
总　计	78106	100.00

各节点溢流量分布情况如图 4.29 所示。

图 4.29　石家庄主城区 3 年一遇降雨时节点溢流量分布图

当达到 3 年一遇设计降雨时，主城区发生淹没的区域增多，仅 39.69%的节点未发生溢流，543.19hm^2 的区域发生积水灾害，其中北城路泰华街口、高东街与高柱路交汇处、石纺路地道桥和建设北大街地道桥等地发生积水灾害，排水管网系统在设计降雨强度为 3 年一遇的情况下，抵御能力较差，超出了排水管网的承受能力。重点关注区域积水情况分布图如图 4.30 所示。

4.2.2.4　内涝模拟：5 年一遇

1. 计算方案

石家庄主城区发生降雨时段 2h，5 年一遇设计降雨，遭受洪涝影响的情况。

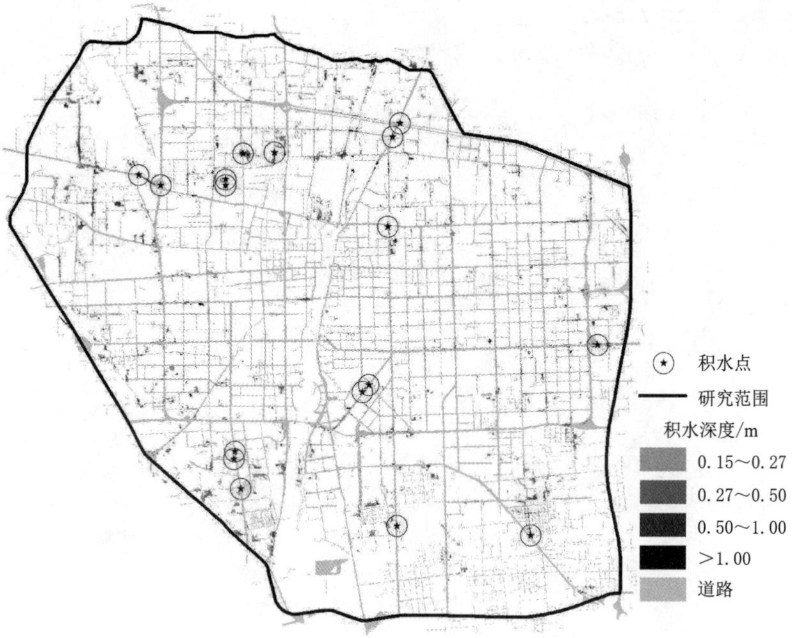

图 4.30　石家庄主城区 3 年一遇降雨时重点关注区域积水情况分布图

2. 计算结果

当设计降雨情景为 5 年一遇时，淹没面积 771.45hm²，最大水深 5.802m。

最大淹没水深情况见表 4.15，超过 1.00m 的地表面积为 21.09hm²，占比 0.10%。

表 4.15　　设计降雨 5 年一遇时最大淹没水深表

最大淹没水深/m	地表面积/hm²	百分比/%
<0.15	21200.95	96.49
0.15～0.27	489.25	2.23
0.27～0.50	209.67	0.95
0.50～1.00	51.44	0.23
>1.00	21.09	0.10
总　计	21972.40	100.00

最大淹没水深分布如图 4.31 所示。

淹没历时情况见表 4.16，超过 1h 的地表面积为 1853.63hm²，占比 8.44%。

淹没历时分布如图 4.32 所示。

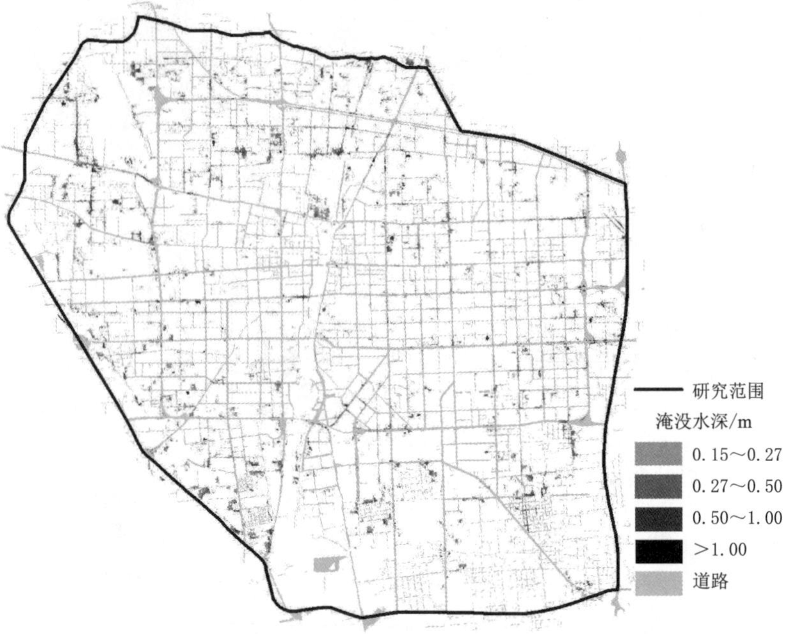

图 4.31 石家庄主城区 5 年一遇降雨模拟最大淹没水深分布图

表 4.16　　　　设计降雨 1 年一遇时淹没历时表

最大淹没历时/min	地表面积/hm²	百分比/%
0	17943.22	81.66
0～30	801.78	3.65
30～60	1373.77	6.25
>60	1853.63	8.44
总　计	21972.40	100.00

管段充满度情况见表 4.17，此时，管网中达到满管状态的管段长度达到 1040.36km，占比 88.00%。

表 4.17　　　　设计降雨 5 年一遇时管段充满度分布表

管段充满度	管段总长/km	百分比/%
<0.5	67.02	5.67
0.5～1.0	74.82	6.33
1.0	1040.36	88.00
总　计	1182.20	100.00

各管段充满度分布如图 4.33 所示。

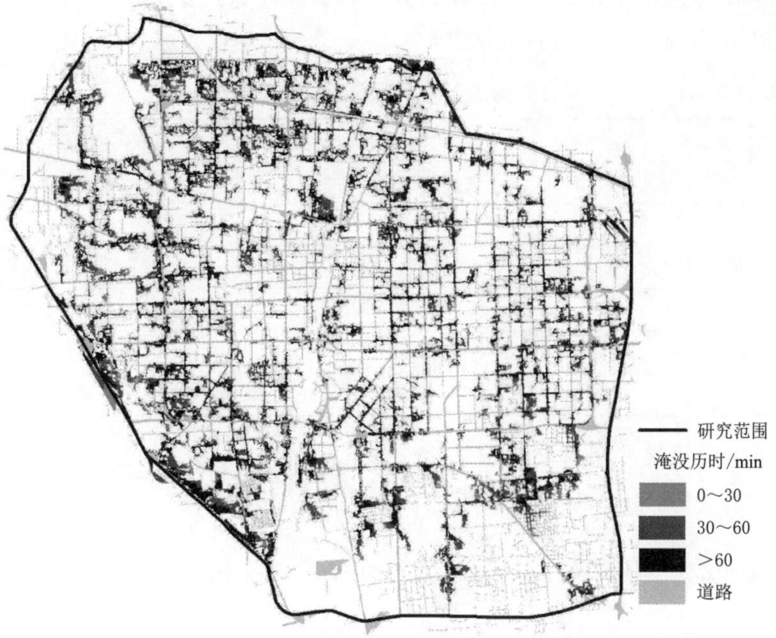

图 4.32 石家庄主城区 5 年一遇降雨模拟淹没历时分布图

图 4.33 石家庄主城区 5 年一遇降雨时管段充满度分布图

管网节点溢流量情况见表4.18。其中，溢流量超过1000m^3的节点共有364个，占比0.47%。

表4.18　　设计降雨5年一遇时节点溢流量分布表

节点溢流量/m^3	节点数/个	百分比/%
0	26113	33.43
0～200	47888	61.31
200～500	2872	3.68
500～1000	869	1.11
>1000	364	0.47
总　计	78106	100.00

各节点溢流量分布情况如图4.34所示。

图4.34　石家庄主城区5年一遇降雨时节点溢流量分布图

当达到5年一遇设计降雨时，主城区的淹没灾情加剧（图4.35），淹没灾害面积771.45hm^2，最大水深5.802m，其中北城路泰华街口、高东街与高柱路交汇处、石纺路地道桥和电大街地道桥等地发生积水灾害，其中电大街地道桥积水超过1m。排水管网系统在设计降雨强度为5年一遇的情况下，超出了排水管网的承受能力，对降雨灾害抵御能力不足。

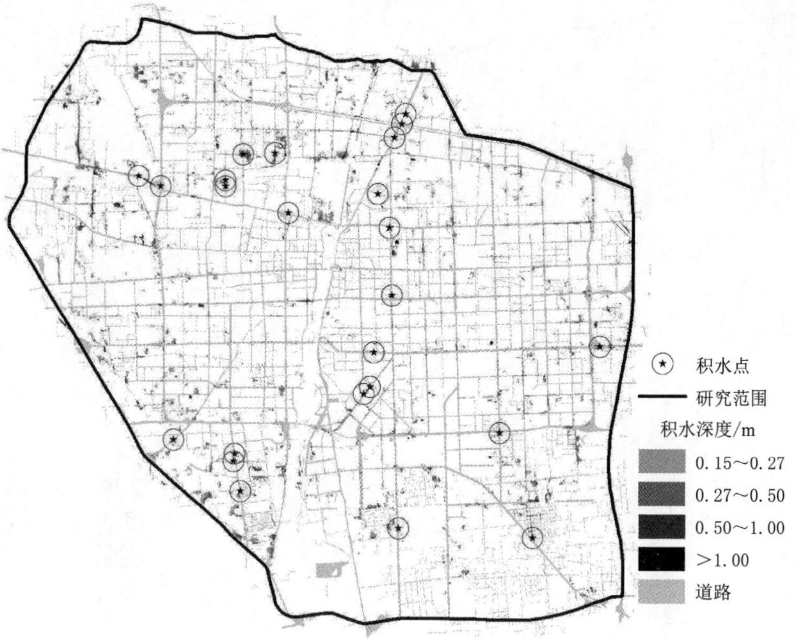

图 4.35　石家庄主城区 5 年一遇降雨时重点关注区域积水情况分布图

4.2.2.5　内涝模拟：10 年一遇

1. 计算方案

石家庄主城区发生降雨时段 2h，10 年一遇设计降雨，遭受洪涝影响的情况。

2. 计算结果

当设计降雨情景为 10 年一遇时，淹没面积 1092.26hm^2，最大水深 7.143m。

最大淹没水深情况见表 4.19，超过 1m 的地表面积为 29.52hm^2，占比 0.13%。

表 4.19　设计降雨 10 年一遇时最大淹没水深表

最大淹没水深/m	地表面积/hm^2	百分比/%
<0.15	20880.14	95.03
0.15～0.27	669.47	3.05
0.27～0.50	316.63	1.44
0.50～1.00	76.64	0.35
>1.00	29.52	0.13
总　计	21972.40	100.00

最大淹没水深分布如图 4.36 所示。

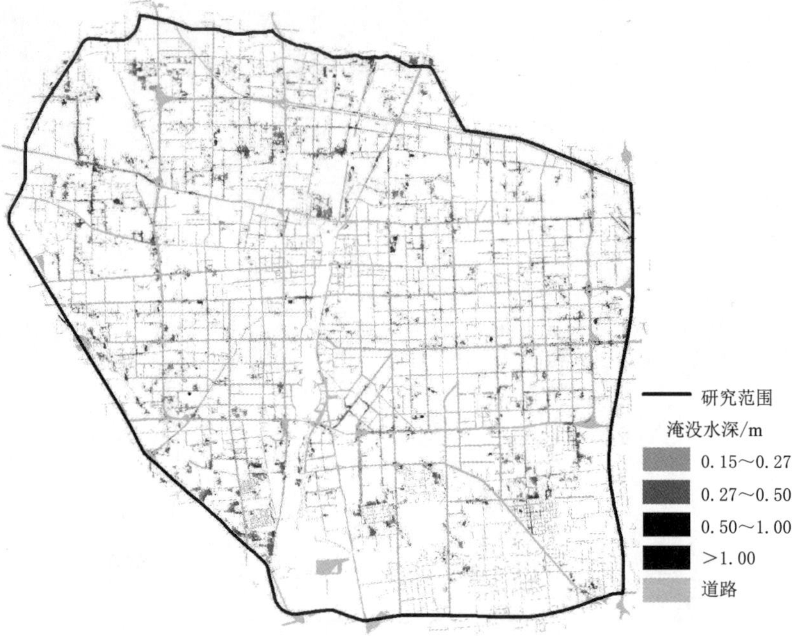

图4.36 石家庄主城区10年一遇降雨模拟最大淹没水深分布图

淹没历时情况见表4.20，超过1h的地表面积为2472.18hm²，占比11.25%。

表4.20 设计降雨10年一遇时淹没历时表

最大淹没历时/min	地表面积/hm²	百分比/%
0	17003.57	77.38
0～30	920.04	4.19
30～60	1576.61	7.18
>60	2472.18	11.25
总　计	21972.40	100.00

淹没历时分布如图4.37所示。

此时，管网中处于满管状态的管段总长1067.11km，占比90.26%，见表4.21。

表4.21 设计降雨10年一遇时管段充满度分布表

管段充满度	管段总长/km	百分比/%
<0.5	53.89	4.56
0.5～1.0	61.20	5.18
1.0	1067.11	90.26
总　计	1182.20	100.00

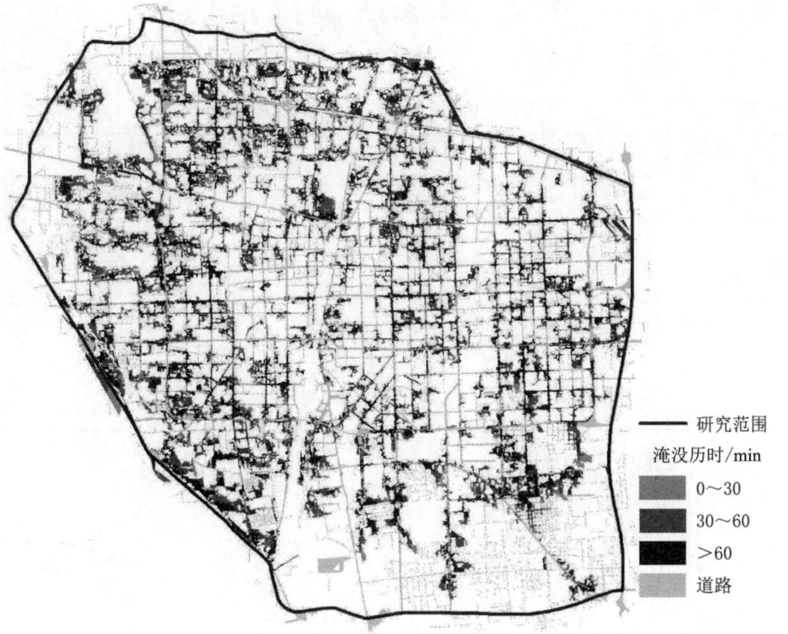

图 4.37 石家庄主城区 10 年一遇降雨模拟淹没历时分布图

各管段充满度分布如图 4.38 所示。

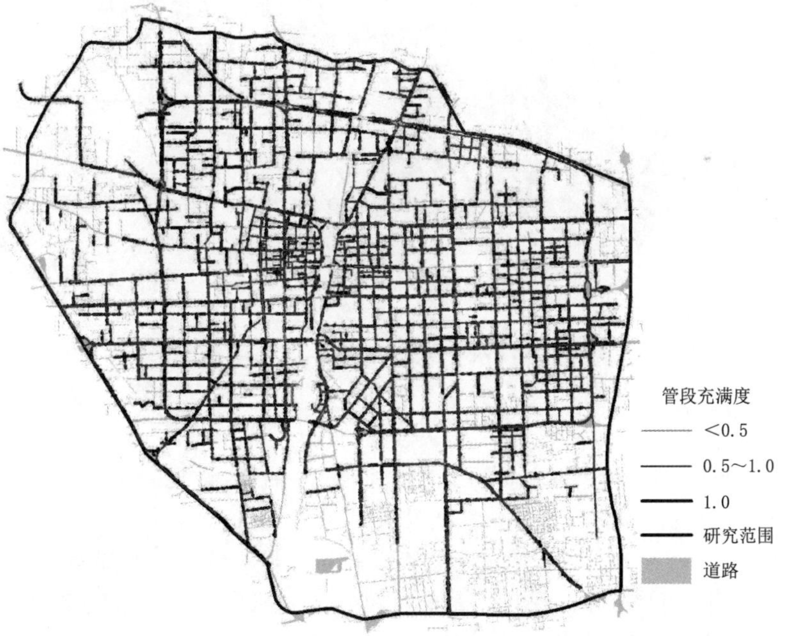

图 4.38 石家庄主城区 10 年一遇降雨时管段充满度分布图

此时，管网节点溢流量情况见表4.22。其中，溢流量超过1000m³的节点共有589个，占比0.75%。

表4.22　设计降雨10年一遇时节点溢流量分布表

节点溢流量/m³	节点数/个	百分比/%
0	21021	26.92
0～200	51179	65.52
200～500	4027	5.16
500～1000	1290	1.65
>1000	589	0.75
总　计	78106	100.00

各节点溢流量分布如图4.39所示。

图4.39　石家庄主城区10年一遇降雨时节点溢流量分布图

当达到10年一遇设计降雨时，主城区的淹没灾情严重，淹没面积1092.26hm²，最大水深7.143m，淹没历时超过1h的地表面积为2472.18hm²，占比11.25%，73.08%的节点发生溢流。排水管网系统在设计降雨强度为10年一遇的情况下，已经完全超出了排水管网的承受能力，排水管网系统无法抵御10年一遇的降雨灾害（图4.40）。

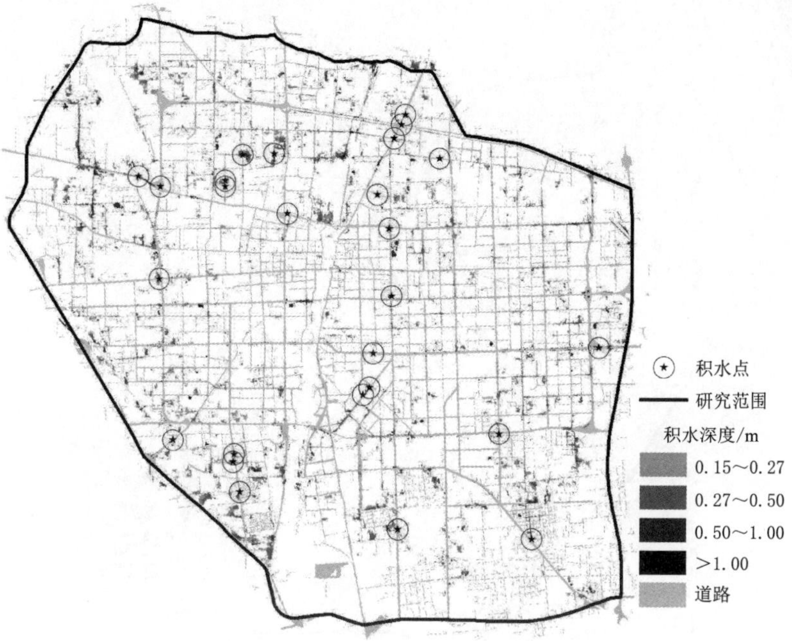

图 4.40 石家庄主城区 10 年一遇降雨时重点关注区域积水情况分布图

4.2.2.6 内涝模拟：20 年一遇

1. 计算方案

石家庄主城区发生降雨时段 2h，20 年一遇设计降雨，遭受洪涝影响的情况。

2. 计算结果

当设计降雨情景为 20 年一遇时，淹没面积 1392.53hm^2，最大水深 7.904m。

最大淹没水深情况见表 4.23，此时，最大淹没水深超过 1.00m 的地表面积为 37.19hm^2，占比 0.17%。

表 4.23 设计降雨 20 年一遇时最大淹没水深表

最大淹没水深/m	地表面积/hm^2	百分比/%
<0.15	20579.87	93.66
0.15～0.27	832.63	3.79
0.27～0.50	421.40	1.92
0.50～1.00	101.31	0.46
>1.00	37.19	0.17
总 计	21972.40	100.00

最大淹没水深分布如图 4.41 所示。

图 4.41　石家庄主城区 20 年一遇降雨模拟最大淹没水深分布图

淹没历时情况见表 4.24，超过 1h 的地表面积为 2980.26hm²，占比 13.56%。

表 4.24　　设计降雨 20 年一遇时淹没历时表

最大淹没历时/min	地表面积/hm²	百分比/%
0	16281.04	74.10
0～30	1006.12	4.58
30～60	1704.98	7.76
>60	2980.26	13.56
总　计	21972.40	100.00

淹没历时分布如图 4.42 所示。

此时，管网中达到满管状态的管段长度达 1083.00km，占比 91.62%，见表 4.25。

表 4.25　　设计降雨 20 年一遇时管段充满度分布表

管段充满度	管段总长/km	百分比/%
<0.50	45.34	3.82
0.50～1.00	53.86	4.56

续表

管段充满度	管段总长/km	百分比/%
1.00	1083.00	91.62
总　计	1182.20	100.00

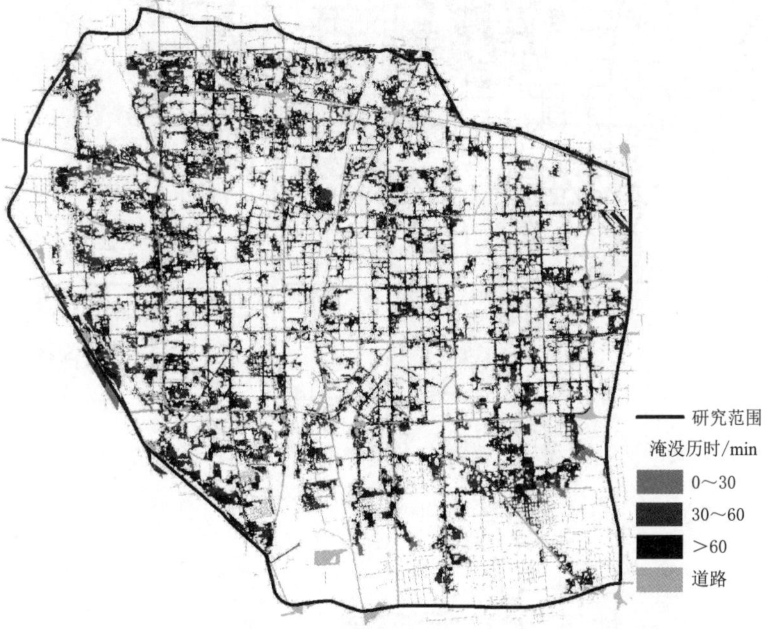

图 4.42　石家庄主城区 20 年一遇降雨模拟淹没历时分布图

各管段充满度分布如图 4.43 所示。

此时，管网节点溢流量情况见表 4.26。其中，溢流量超过 1000m^3 的节点共有 816 个，占比 1.04%。

表 4.26　　　　设计降雨 20 年一遇时节点溢流量分布表

节点溢流量/m^3	节点数/个	百分比/%
0	17749	22.72
0～200	52953	67.80
200～500	4899	6.27
500～1000	1689	2.16
>1000	816	1.05
总　计	78106	100.00

图 4.43　石家庄主城区 20 年一遇降雨时管段充满度分布图

各节点溢流量分布情况如图 4.44 所示。

图 4.44　石家庄主城区 20 年一遇降雨时节点溢流量分布图

当达到 20 年一遇设计降雨时，主城区的淹没灾情严重，淹没面积 1392.53hm²，最大水深 7.904m，淹没水深超过 1h 的地表面积就有 37.19hm²，占比 0.17%，77.24%的节点发生溢流。排水管网系统在设计降雨强度为 20 年一遇的情况下，大郭村地道桥，北城路泰华街口，高东街高柱路交汇路段，石纺路地道桥、汇丰路、槐安路东二环口等多处产生积水灾害，降雨超出了排水管网的承受能力，无法抵御 20 年一遇设计降雨（图 4.45）。

图 4.45 石家庄主城区 20 年一遇降雨时重积水情况分布图

4.2.2.7 内涝模拟：30 年一遇

1. 计算方案

石家庄主城区发生降雨时段 2h，30 年一遇设计降雨，遭受洪涝影响的情况。

2. 计算结果

当设计降雨情景为 30 年一遇时，淹没面积 1546.12hm²，最大水深 8.254m。

最大淹没水深分布如表 4.27 所示，此时，最大淹没水深超过 1.00m 的地表面积为 41.78hm²，占比 0.19%。

最大淹没水深分布如图 4.46 所示。

淹没历时情况见表 4.28，超过 1h 的地表面积为 3231.24hm²，占比 14.71%。

表 4.27　　设计降雨 30 年一遇时最大淹没水深表

最大淹没水深/m	地表面积/hm^2	百分比/%
<0.15	20426.28	92.96
0.15～0.27	912.97	4.16
0.27～0.50	476.10	2.17
0.50～1.00	115.27	0.52
>1.00	41.78	0.19
总　计	21972.40	100.00

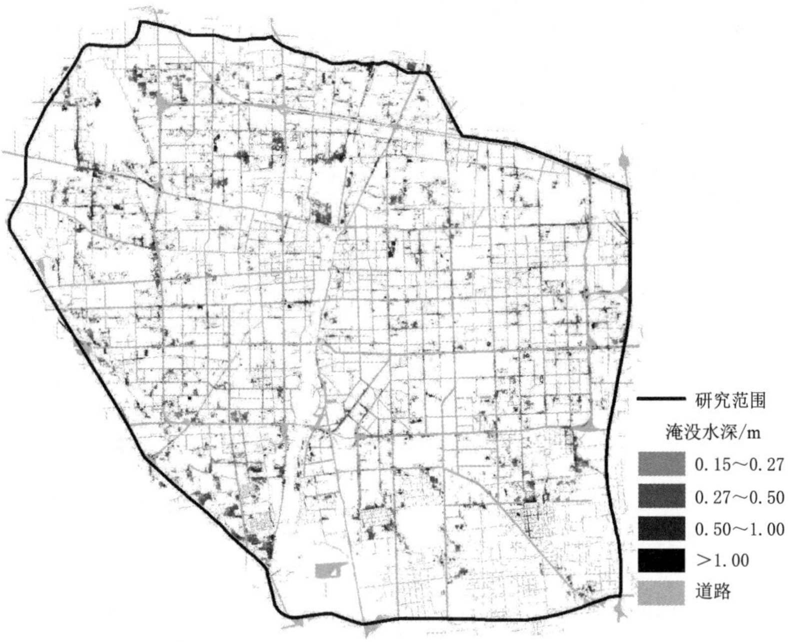

图 4.46　石家庄主城区 30 年一遇降雨模拟最大淹没水深分布图

表 4.28　　设计降雨 30 年一遇时淹没历时表

最大淹没历时/min	地表面积/hm^2	百分比/%
0	15952.64	72.60
0～30	1030.04	4.69
30～60	1758.48	8.00
>60	3231.24	14.71
总　计	21972.40	100.00

淹没历时分布如图 4.47 所示。

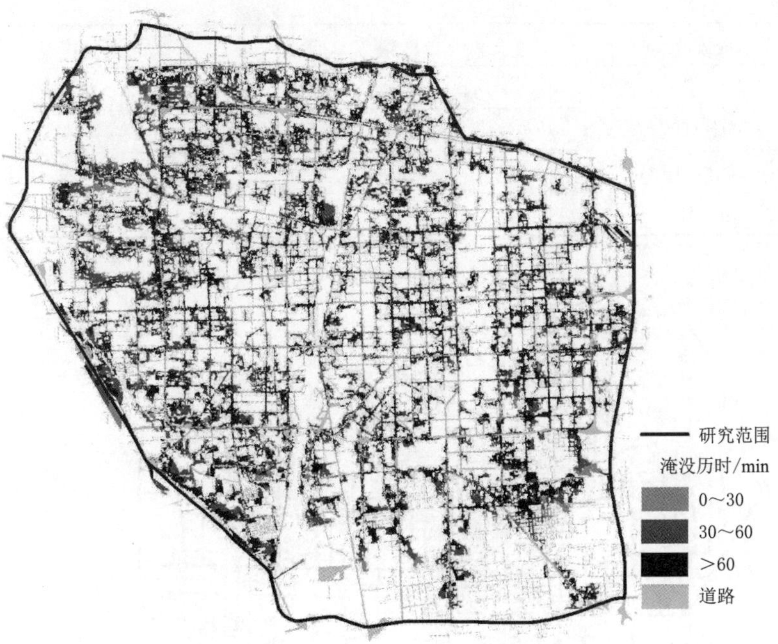

图 4.47　石家庄主城区 30 年一遇降雨模拟淹没历时分布图

管段充满度分布见表 4.29，此时，管网中达到满管状态的管段长 1089.09km，占比 92.12%。

表 4.29　　设计降雨 30 年一遇时管段充满度分布表

管段充满度	管段总长/km	百分比/%
<0.5	42.55	3.60
0.5～1.0	50.56	4.28
1.0	1089.09	92.12
总　计	1182.20	100.00

各管段充满度分布如图 4.48 所示。

此时，管网节点溢流量情况见表 4.30。溢流量超过 1000m^3 的节点共有 950 个，占比 1.22%。

表 4.30　　设计降雨 30 年一遇时节点溢流量分布表

节点溢流量/m^3	节点数/个	百分比/%
0	16409	21.01
0～200	53468	68.45

续表

节点溢流量/m³	节点数/个	百分比/%
200～500	5372	6.88
500～1000	1907	2.44
>1000	950	1.22
总　计	78106	100.00

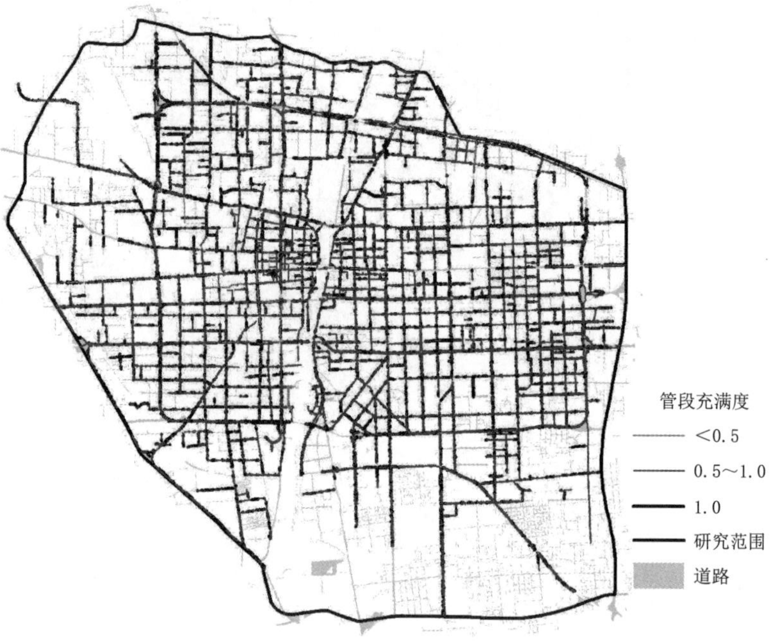

图 4.48　石家庄主城区 30 年一遇降雨时管段充满度分布图

各节点溢流量分布情况如图 4.49 所示。

当达到 30 年一遇设计降雨时，主城区的淹没灾情进一步加重，淹没面积 1546.12hm²，最大水深 8.254m，淹没水深超过 1h 的地表面积就有 41.78hm²，占比 0.19%，78.99%的节点发生溢流。排水管网系统在设计降雨强度为 30 年一遇的情况下，无法发挥其有效作用（图 4.50）。

4.2.2.8　内涝模拟：50 年一遇

1. 计算方案

石家庄主城区发生降雨时段 2h，50 年一遇设计降雨，遭受洪涝影响的情况。

2. 计算结果

当设计降雨情景为 50 年一遇时，淹没面积 1798.05hm²，最大水深 8.653m。淹没范围分布如图 4.51 所示。

图 4.49 石家庄主城区 30 年一遇降雨时节点溢流量分布图

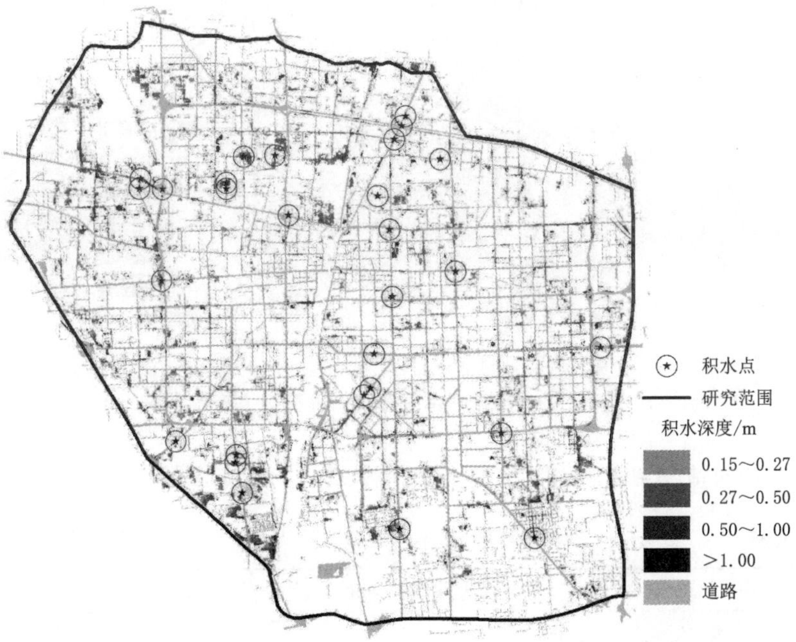

图 4.50 石家庄主城区 30 年一遇降雨时重点关注区域积水情况分布图

最大淹没水深超过1.00m的地表面积为49.43hm²，占比0.22%，见表4.31。

表4.31　设计降雨50年一遇时最大淹没水深表

最大淹没水深/m	地表面积/hm²	百分比/%
<0.15	20174.35	91.81
0.15～0.27	1038.81	4.73
0.27～0.50	568.01	2.59
0.50～1.00	141.80	0.65
>1.00	49.43	0.22
总　计	21972.40	100.00

最大淹没水深分布如图4.51所示。

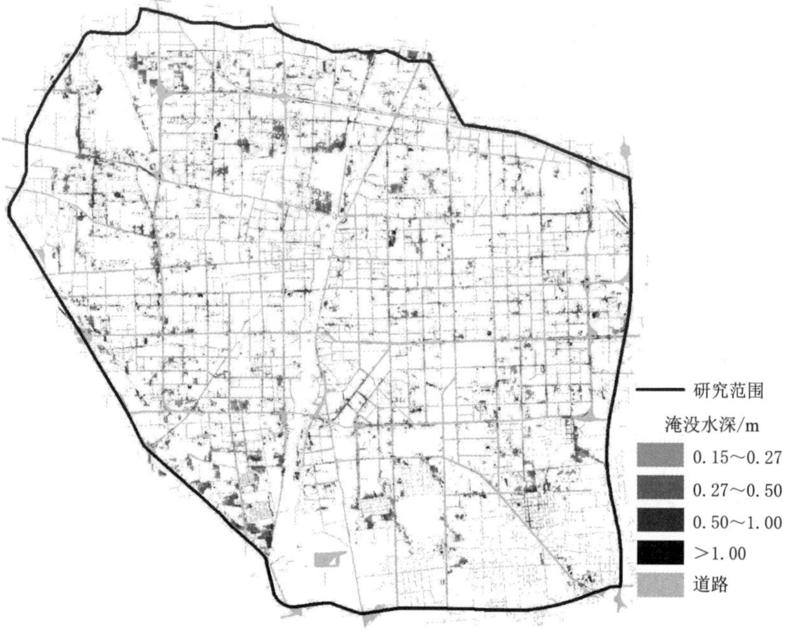

图4.51　石家庄主城区50年一遇降雨模拟最大淹没水深分布图

淹没历时情况见表4.32，超过1h的地表面积为3635.50hm²，占比16.55%。

表4.32　设计降雨50年一遇时淹没历时表

最大积水历时/min	地表面积/hm²	百分比/%
0	15433.56	70.24
0～30	1061.13	4.83

续表

最大积水历时/min	地表面积/hm^2	百分比/%
30～60	1842.21	8.38
>60	3635.50	16.55
总　计	21972.40	100.00

淹没历时分布如图 4.52 所示。

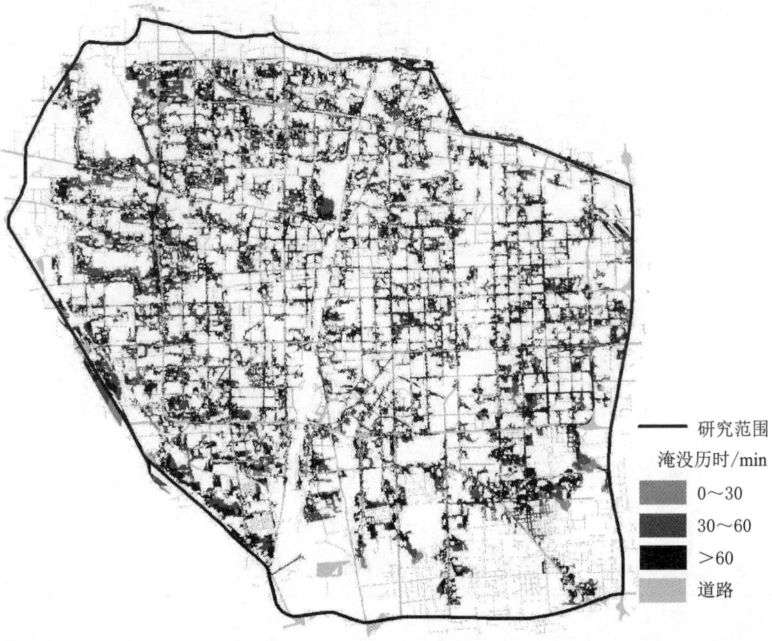

图 4.52　石家庄主城区 50 年一遇降雨模拟淹没历时分布图

管段充满度情况见表 4.33，此时，管网中达到满管状态的管段长度达 1097.74km，占比 92.85%。

表 4.33　　设计降雨 50 年一遇时管段充满度分布表

管段充满度	管段总长/km	百分比/%
<0.5	38.98	3.30
0.5～1.0	45.48	3.85
1.0	1097.74	92.85
总　计	1182.20	100.00

各管段充满度分布如图 4.53 所示。

图 4.53　石家庄主城区 50 年一遇降雨时管段充满度分布图

此时，管网节点溢流量情况见表 4.34。溢流量超过 $1000m^3$ 的节点共有 1179 个，占比 1.51%。

表 4.34　　设计降雨 50 年一遇时节点溢流量分布表

节点溢流量/m^3	节点数/个	百分比/%
0	14750	18.89
0～200	53807	68.88
200～500	6051	7.75
500～1000	2319	2.97
>1000	1179	1.51
总　计	78106	100.00

各节点溢流量分布情况如图 4.54 所示。

当达到 50 年一遇设计降雨时，主城区的淹没灾情更加严重，淹没面积 $1798.05hm^2$，最大水深 8.653m，淹没历时超过 1h 的地表面积就有 $3635.50hm^2$，占比 16.55%，81.11%的节点发生溢流。排水管网系统在设计降雨强度为 50 年一遇的情况下，其超出了排水管网的承受能力，排水管网系统无法抵御 50 年一遇的降雨灾害（图 4.55）。

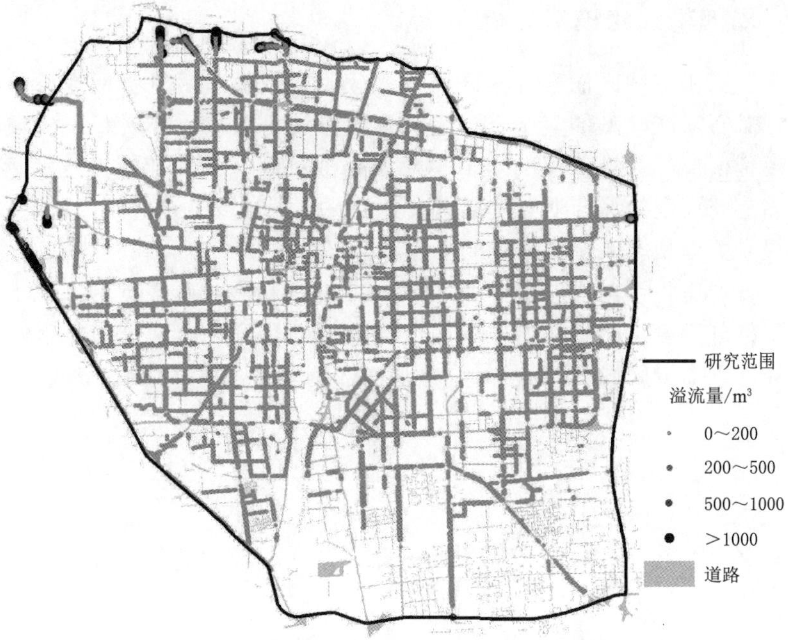

图 4.54 石家庄主城区 50 年一遇降雨时节点溢流量分布图

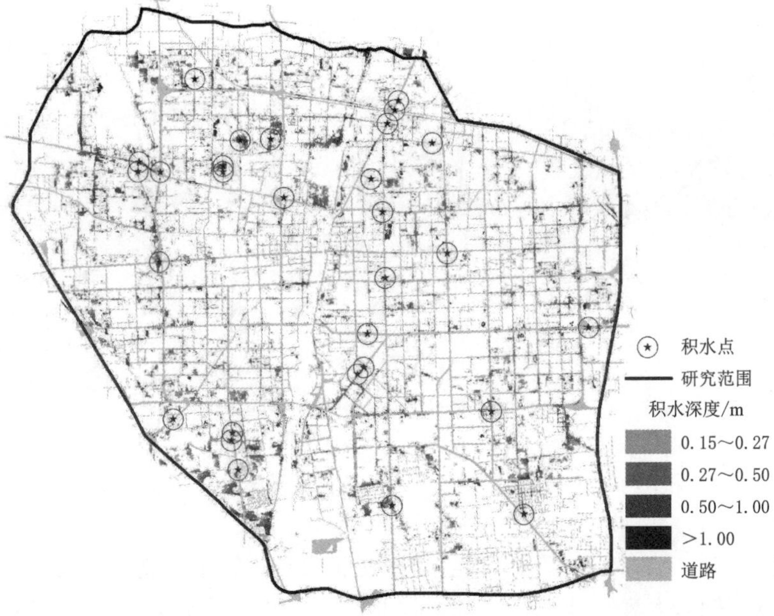

图 4.55 石家庄主城区 50 年一遇降雨时重点关注区域积水情况分布图

4.2.3 局部精细化模拟分析

对于石家庄主城区而言，其区域范围较大，数据量大，管网复杂，计算时间长。针对石家庄模型的复杂性，为保证模型计算效率，开展基于流域尺度的水文学模型模拟与关键部位的水力学模型模拟相结合的洪涝模拟技术，构建城市流域多空间尺度的综合洪涝模拟模型，既保证了流域洪涝过程的趋势准确性，又能够提升关键积水风险点的模拟精度。

针对石家庄积水点位，如图 4.56 所示，在高精度地形数据的基础上，取较小的网格剖分尺度，能够真实体现城区内典型地物及复杂地形，并很好地反映水流边界。本书以区域 1、区域 2 和区域 3 为例，通过局部精细化模拟进行积水结果的展示。

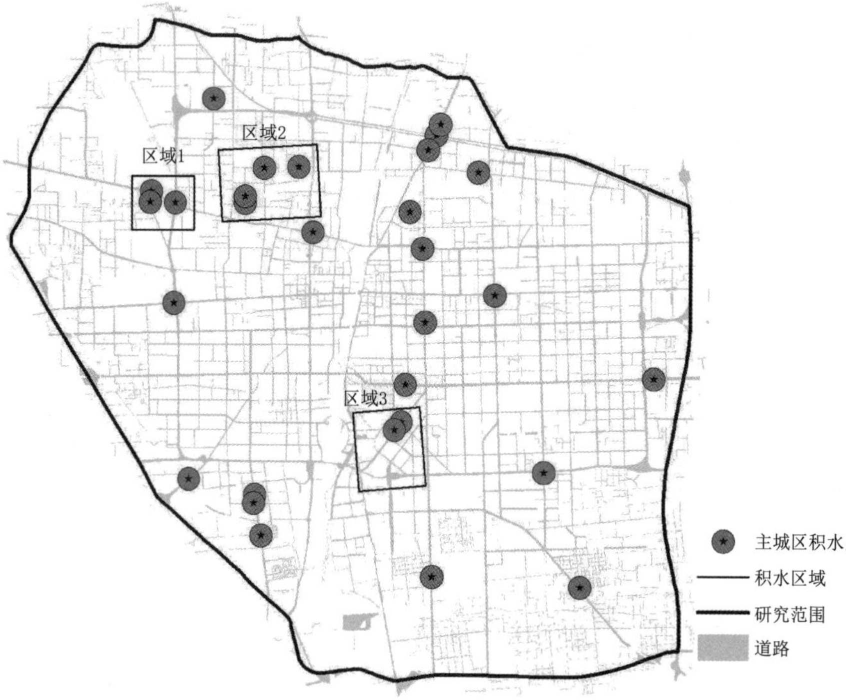

图 4.56　精细化模拟区域分布图

如图 4.57～图 4.59 所示，通过对内涝积水点进行精细化网格模拟，从模拟结果来看，能对大郭村地道桥、和平路地道桥、电大街地道桥、北城路泰华街口、高东街和汇通路等积水点进行精准模拟，提高模型整体的精度。

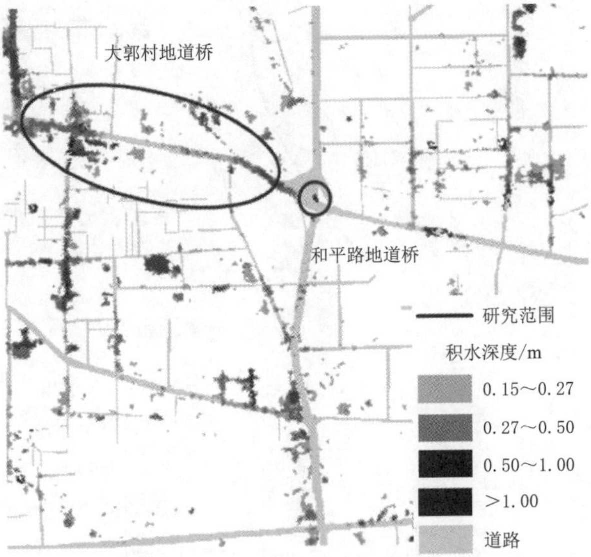

图 4.57 区域 1 10 年一遇积水深度分布图

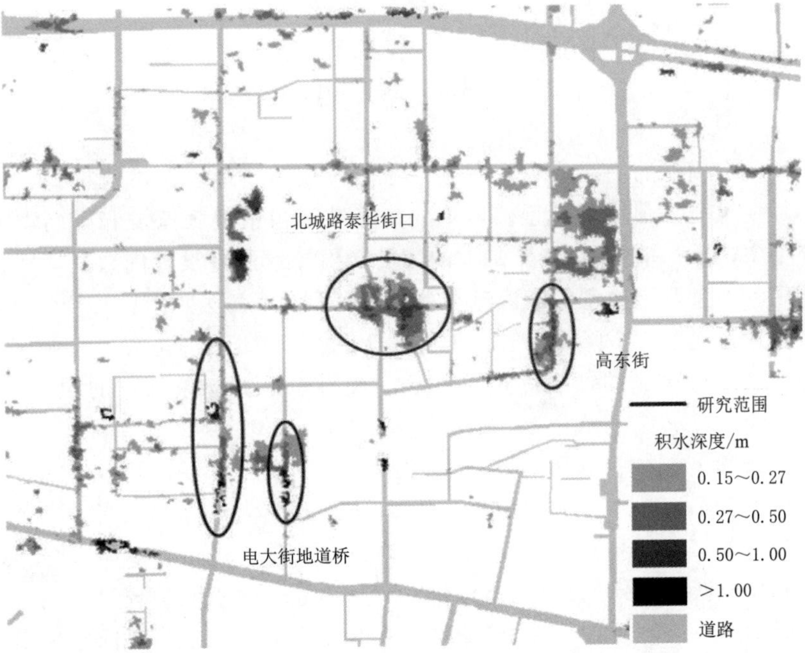

图 4.58 区域 2 10 年一遇积水深度分布图

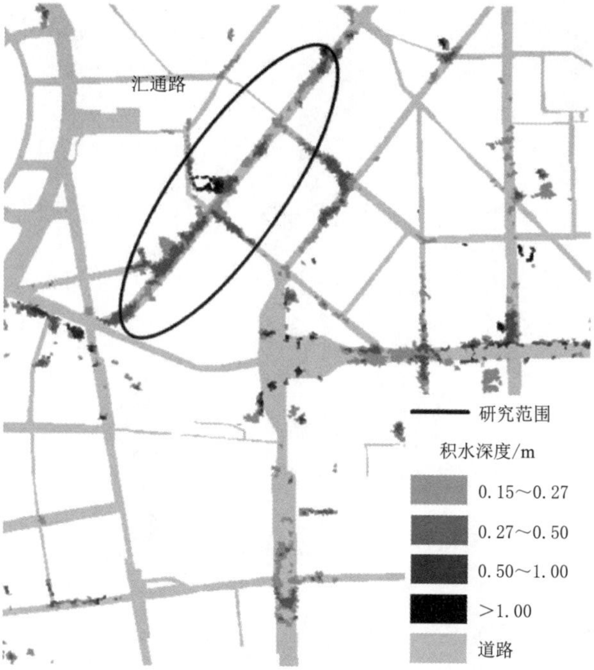

图 4.59 区域 3 10 年一遇积水深度分布图

4.3 本 章 小 结

（1）本书构建的内涝模型，包括一维管网模型、地表产汇流模型、地表二维模型、一维与二维耦合模型。模型的计算结果包括地表淹没和管网溢流两部分。模型率定数据依据 2020 年最大的三场降雨导致的淹没范围数据，模拟计算淹没范围。通过调整模型的产汇流参数，使模拟结果和实际结果相符合。

（2）通过建立 7 个降雨历时 8 种重现期下的降雨情景库，结合区域未来 24h 累计降雨量，与建成的情景库进行耦合，分析输出对应条件下的积水淹没图、积水历时图。

（3）2020 年三次降雨实际应用、预报和实测积水深度对比所得平均误差分别为 14%、17%和 16%，均小于 20%，模型预报具有较高的精度。整个预报流程省去了水动力模型计算过程，从降雨发生到完成匹配结果的统计总计耗时小于 5min，而水动力模型计算耗时约 30min，因此，情景库匹配预报方法可将预警发布时间减少 80%。

本章彩图

第5章　城市洪水风险评估技术研究

城市暴雨内涝灾害风险评估是预防灾害、降低灾害风险与损失的重要非工程措施之一，是防灾减灾的一项基础性工作。综合国内外相关研究内容分析，风险评估方法有历史灾情统计法、遥感技术与GIS耦合法、指标体系法和情景模拟法。其中历史灾情统计法与遥感技术与GIS耦合法分别对历史灾情数据和地面高程数据精度要求高，适应性较低，而指标体系法通过构建指标体系完成评估，充分考虑内涝灾害的复杂性，应用最为广泛；情景模拟法则是借助水力模型模拟获取地表淹没过程，能够较为准确地反映内涝的危险性，但忽略了内涝灾害综合特性。通过上述对内涝风险相关研究分析，基于城市内涝灾害特征，将指标体系法与情景模拟相结合，构建多指标内涝风险评估模型。

5.1　洪水风险评估和区划的基本原理与方法

5.1.1　技术路线

首先对建设区域进行风险识别，构建风险评估指标体系，并采用ArcGIS栅格分析技术对指标数据进行标准化处理，然后采用层次分析法确定指标权重，最后计算输出风险评估/区划结果（图5.1）。

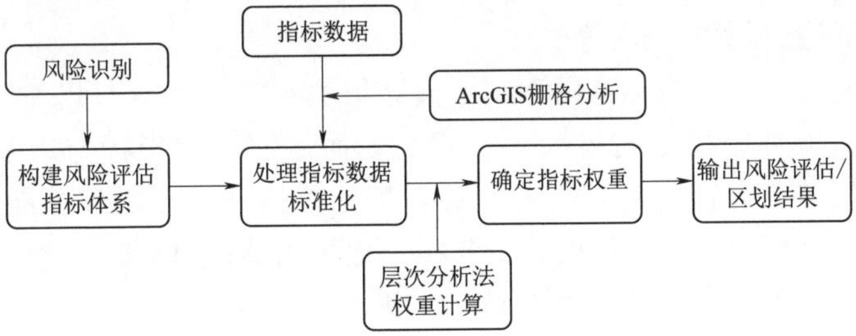

图5.1　风险评估模型建立技术路线

5.1.2　模型建立

5.1.2.1　指标体系构建

风险识别是指识别出导致城市洪涝灾害或对其产生较大影响的风险要素，

本次评价的风险为灾害系统中的致灾因子危险性、孕灾环境敏感性、承灾体脆弱性、防灾减灾框架，从四个层面出发，根据研究区域实际情况，结合专家意见，合理选取评估指标，构建评估体系。

城市内涝风险评价体系包含多个风险评价指标，是一个综合的风险评价体系。在综合风险评价体系中，各评价指标对内涝灾害风险的贡献程度不同，常采用权重系数定量描述各评价指标加剧或减缓内涝风险能力的大小。权重系数的设定的合理性直接关系到评估结果的准确性，在风险评估过程中，应选择合适的计算方法确定权重。随着数学统计理论发展，目前已有诸多成熟的权重计算方法可供选择，根据权重确定的主客观性可以分为主观赋权法、客观赋权法两大类。本书对研究区域进行风险评估时，采取层次分析法进行相关评价。

降雨是城市内涝的直接原因。淹没水深越大，淹没时间越长的地方越容易导致灾害的发生，因此将由内涝仿真模型计算出的积水深度与积水时间作为致灾因子危险性评估指标。孕灾环境是内涝灾害发生的环境，在相同的降雨条件下，不同孕灾环境对降雨的响应情况也有差异，坡度小、地面高程低的地方对降雨更为敏感，更易形成地面积水，因此将地面高程、坡度作为孕灾环境敏感性评价指标。在相同自然条件下，城市内涝造成的损失与影响范围会随着研究区域的经济发展情况、医疗完善程度而有所差异。承灾体是城市内涝灾害作用对象，承灾体脆弱性越高，受洪涝灾害影响也会越大。同等洪涝危险性大小情况下，不同土地利用类型的经济受损价值不同，道路是产生积水灾害的主要地点，道路密度越高的地区，当发生积水灾害时所造成的经济损失、人员伤亡越严重，因此承灾体脆弱性选择土地利用类型和道路密度作为评估指标。

5.1.2.2 指标数据分析与处理

指标体系共含8个指标，由于8个指标与洪涝灾害风险的相关性不尽相同，如淹没水深、历时等指标与风险为正相关，而地面高程指标与风险为负相关，各指标的计量单位存在差异，故需要对各指标数据进行分析和标准化处理。便于后续数据的分析计算，指标的分析与标准化采用ArcGIS栅格分析功能对指标进行风险区划，对于一般的区划图而言，以3～7级为宜。

本书在风险区划时采用自然间断点法（natural breaks），该方法根据数值统计分布规律进行分级和分类，目的是在不改变有序样本前提下，使其分割的相同等级内的数据相似值最优，而不同级别之间的数据差距达到最大，不同级别之间的界限点出现在数据突变明显处。自然间断点法适用性强，能够用于多类型数据的分级处理，在干旱、洪涝灾害风险等级区划中应用广泛。

5.2 典型城市洪水风险评估研究——以石家庄市城区为例

5.2.1 指标体系构建

将研究区域内涝风险等级总目标分解为致灾因子危险性、孕灾环境敏感性、承灾体脆弱性与防灾减灾能力四个准则层，从上述四个准则层出发，根据指标选取原则选取合适指标，构建城市内涝灾害风险评估体系（图 5.2）。

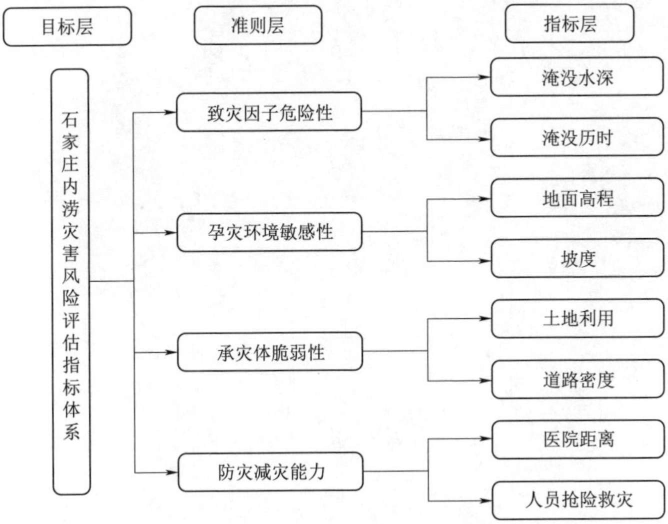

图 5.2　石家庄内涝灾害风险评估指标体系

石家庄作为河北省省会，医疗设施、防灾物资，人员抢险配备完善。当城市内涝发生时，距离医院和抢险队的地区可及时获得物资供给和抢险救灾，对于生命健康受到损伤的人员可及时获得医疗救助，大大降低群众的生命健康风险和经济损失，因此将人员抢险救灾和医院距离作为研究区域防灾减灾能力评估指标。

5.2.2 指标数据分析与处理

针对石家庄主城区的内涝风险评估采用 4 个等级进行区划，即指标低风险、中风险、较高风险和高风险分别用 1、2、3、4 进行赋值表示，数值越高表示危险度越高。

综合考虑石家庄主城区内涝风险区划图的绘制环境和资料精度，本书的风险评估区采取栅格大小为 100m×100m，以此大小的栅格作为评估的基本单元。

1. 淹没水深与淹没历时

淹没水深及淹没历时数据的精度对风险评估结果的准确性影响较大，为保证该指标数据的精度和可靠性，本章利用已构建好的内涝模型进行模拟，模拟了 8 种重现期情景的 120min 设计降雨，选取积水深度和积水历时的模拟最大值作为积水水深和积水历时两个评估指标数据，结合研究区域的实际情况和相关参考文献[32-33]，对指标数据进行相关分级，分级的阈值见表 5.1，以重现期 $P=50$ 年为例进行展示，淹没水深和淹没历时的危险度分布如图 5.3 和图 5.4 所示。

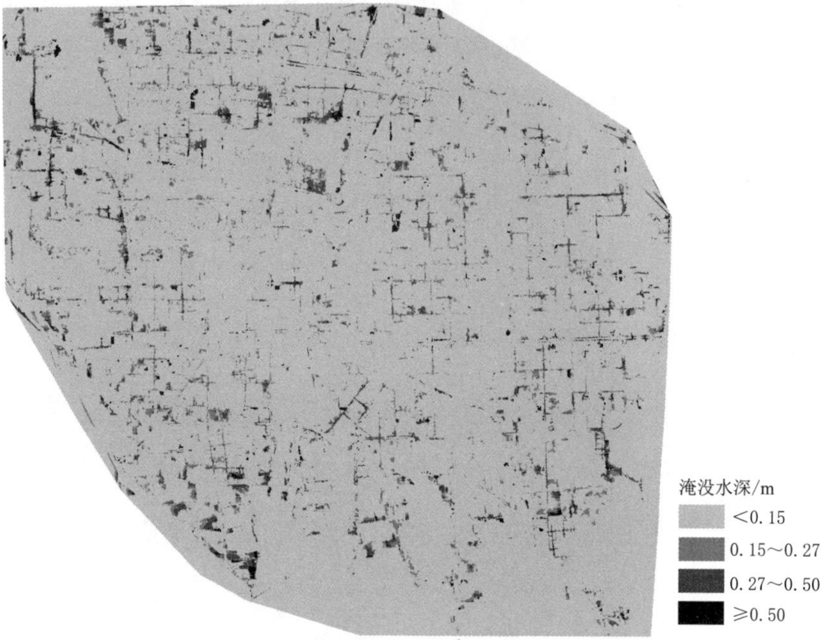

图 5.3　$P=50$ 年淹没水深分布图

2. 地面高程与坡度

整理分析收集到的高程点的 shp 文件，石家庄主城区西北部地势较高，东南部地势较低，地面高程为 80～150m。根据高程点的高程数据，首先利用 ArcGIS 的反距离权重法构建像元大小为 100 的栅格数据集；再利用 ArcGIS 的栅格表面工具箱中的坡度工具对栅格进行相关坡度的求解，得到研究区域的坡度栅格数据集；最后采用自然间断点法对地面高程和坡度进行分级，分级阈值见表 5.1，分级结果如图 5.5 和图 5.6 所示。

3. 土地利用与道路长度

整理收集到的用地类型数据，将土地利用类型分为 4 类，其中，区域内的河流与湖泊等水系为一类；植被覆盖率高，下渗能力强的森林，公园等区域为绿地，主干道路为一类；具备日常生活，工作和居住功能的建筑物区域为房屋。将这 4 类土地利用进行分级，分级阈值见表 5.1，分级结果如图 5.7 所示。

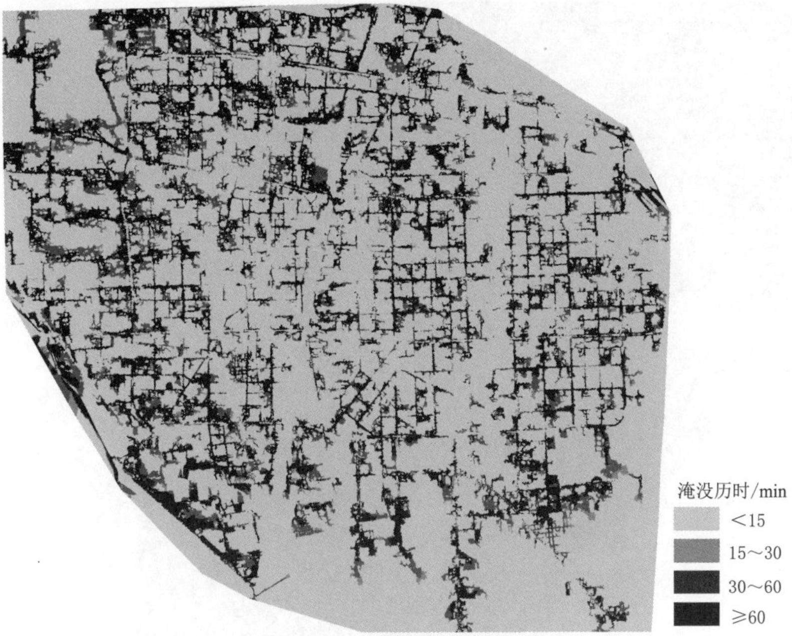

图 5.4　$P=50$ 年淹没历时分布图

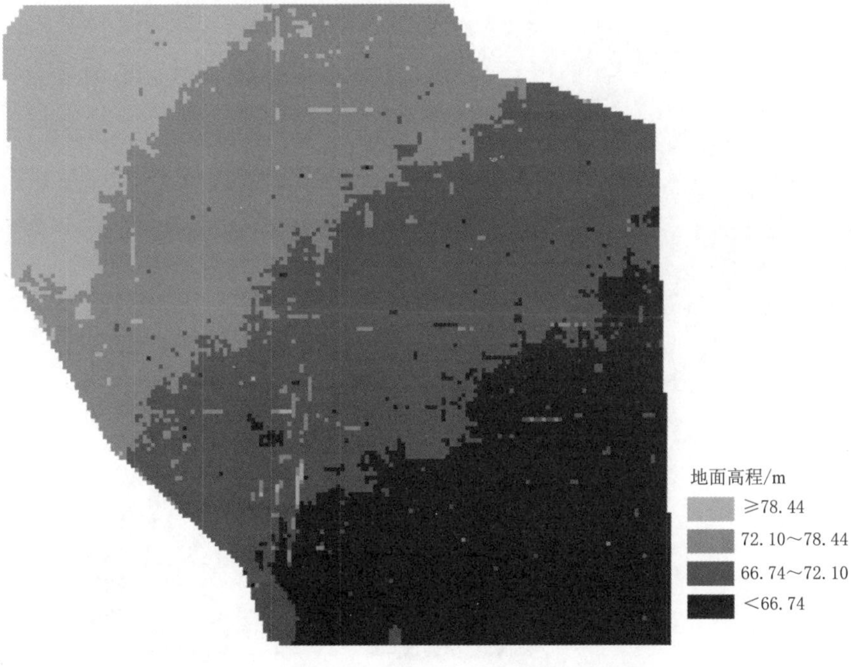

图 5.5　石家庄主城区地面高程等级分布图

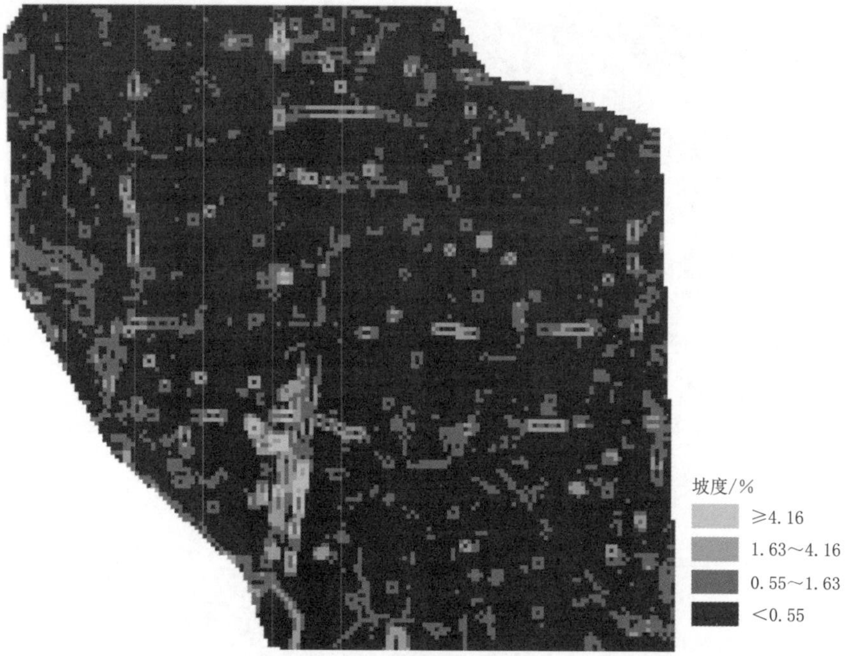

图 5.6 石家庄主城区坡度危险等级分布图

图 5.7 石家庄主城区土地利用危险等级分布图

整理收集到的石家庄道路数据，通过利用 ArcGIS 工具，将收集到的道路按照划分好的网格利用空间分析工具进行剖分，确定每个网格中对应的长度，依据落在每个道路网格中的道路长度进行危险等级划分，最后采用自然间断点法对其数据进行分级，分级阈值见表 5.1，分级结果如图 5.8 所示。

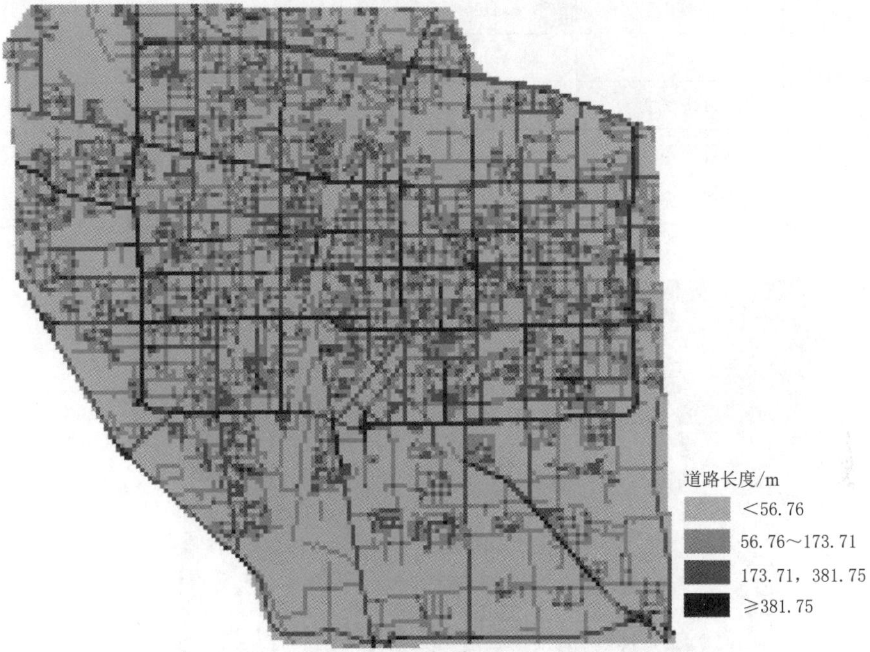

图 5.8　石家庄主城区道路长度危险等级分布图

4. 医院距离与人员抢险救灾

通过搜集政府部门公开的已经评级且设置有急诊科等能提供完善的紧急医疗救助的医院和防汛部门提供的物资仓库、抢险队等位置信息，计算流域内各地点到医院和抢险救灾点的最短距离，根据研究区域的实际情况并结合自然间断点对最短距离进行分级，分级阈值见表 5.1，分级结果如图 5.9 和图 5.10 所示。

5. 指标划分结果

表 5.1　各指标危险度划分与赋值

指标类型	指标名称	危险等级			
		1	2	3	4
危险性	淹没水深/m	<0.15	[0.15，0.27)	[0.27，0.5)	≥0.5
	淹没历时/min	<15	[15，30)	[30，60)	≥60

续表

指标类型	指标名称	危险等级			
		1	2	3	4
敏感性	地面高程/m	≥ 78.44	[72.10，78.44)	[66.74，72.10)	<66.74
	坡度/%	≥ 4.16	[1.63，4.16)	[0.55，1.63)	<0.55
脆弱性	土地利用	水系	绿地	道路	房屋
	道路密度	<56.75	[56.75，173.71)	[173.71，381.75)	≥ 381.75
防灾减灾	医院距离/km	<0.5	[0.5，1.5)	[1.5，3.0)	≥ 3.0
	人员抢险救灾距离/km	<1.774	[1.774，3.391)	[3.391，5.298)	≥5.298

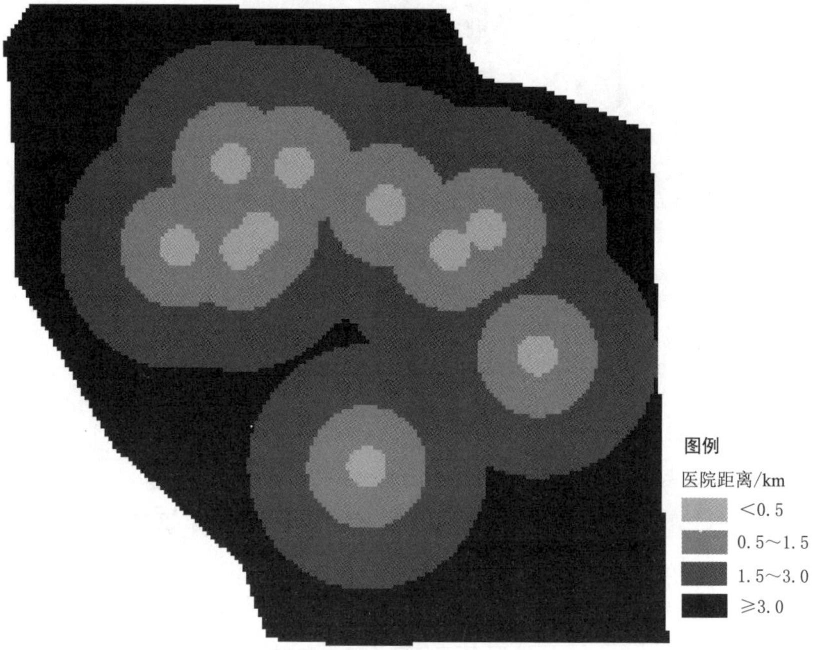

图 5.9　石家庄主城区医院距离危险等级分布图

5.2.3　指标权重计算

石家庄主城区内涝灾害风险评估中采用的致灾因子危险性—孕灾环境敏感性—承灾体脆弱性—防灾减灾框架，综合考虑 5.2.2 小节所选取的指标体系，采用层次分析法计算评估指标体系的指标权重。层析分析法包括建立层次分析结构、构造各层析的判断矩阵、权重计算和层次一致性检验四个步骤。

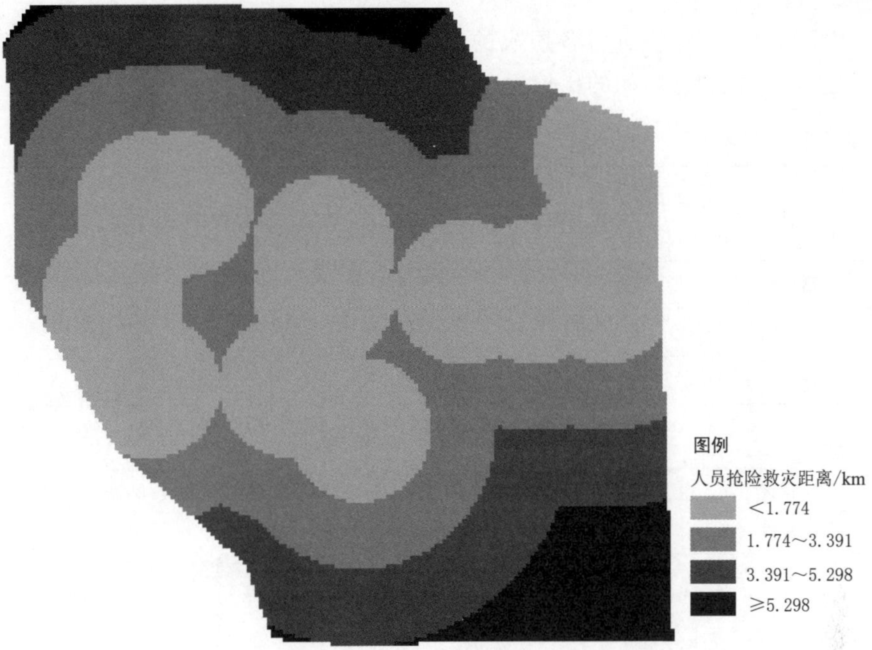

图 5.10 石家庄主城区人员抢险救灾危险等级分布图

1. *层次分析结构的构建*

结合研究区域的致灾因子危险性—孕灾环境敏感性—承灾体脆弱性—防灾减灾框架和城市内涝灾害风险评估指标体系，本书构建了条理清晰、层次分明的分析结果及其目标层、准则层和指标层。目标层为城市内涝灾害风险，准则层为危险性、敏感性、脆弱性和防灾减灾，指标层为淹没水深、淹没历时、地面高程、坡度、土地利用、道路密度、医院距离、人员抢险救灾距离。城市内涝灾害风险评估指标体系如图 5.11 所示。

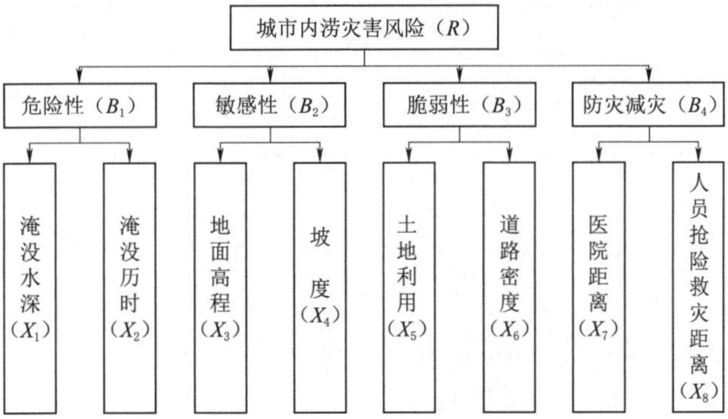

图 5.11 城市内涝灾害风险评估指标体系图

2. 判断矩阵的构建

根据层次分析结构进行各层次的判断矩阵的构造，综合考虑专家意见和参考相关文献中各指标之间的比较标度并赋值到各判断矩阵中，见表 5.2～表 5.6。

表 5.2　城市内涝灾害风险判断矩阵表

指标名称	危险性	敏感性	脆弱性	防灾减灾
危险性	1	2	3	3
敏感性	1/2	1	2	3
脆弱性	1/3	1/2	1	2
防灾减灾	1/3	1/3	1/2	1

表 5.3　危险性判断矩阵表

指标名称	淹没水深	淹没历时
淹没水深	1	3
淹没历时	1/3	1

表 5.4　敏感性判断矩阵表

指标名称	地面高程	坡度
地面高程	1	2
坡度	1/2	1

表 5.5　脆弱性判断矩阵表

指标名称	道路密度	土地利用
道路密度	1	2
土地利用	1/2	1

表 5.6　防灾减灾能力判断矩阵表

指标名称	人员抢险救灾距离	医院距离
人员抢险救灾距离	1	3
医院距离	1/3	1

3. 指标权重的计算

本书采用层次分析法（analytic hierarchy process，AHP）方法计算各指标的权重值，确定指标权重需要首先对各判断矩阵的同列元素作归一化处理得到归一化矩阵 $\boldsymbol{S}$，在对 $\boldsymbol{S}$ 的同行元素求和得到向量 $\boldsymbol{C}$，最后对 $\boldsymbol{C}$ 作归一化处理得到向量 $\boldsymbol{W}$ 即为矩阵最大特征向量的近似解，即各判断矩阵中各指标的权重，结果见表 5.7～表 5.11。

表 5.7 城市内涝灾害风险的 C、W 表

指标名称	危险性	敏感性	脆弱性	防灾减灾	C	W
危险性	0.4615	0.5217	0.4615	0.3333	1.7781	0.4445
敏感性	0.2308	0.2609	0.3077	0.3333	1.1327	0.2832
脆弱性	0.1538	0.1304	0.1538	0.2222	0.6603	0.1651
防灾减灾	0.1538	0.0870	0.0769	0.1111	0.4288	0.1072

表 5.8 危险性的 C、W 表

指标名称	淹没水深	淹没历时	C	W
淹没水深	0.75	0.75	1.50	0.75
淹没历时	0.25	0.25	0.50	0.25

表 5.9 敏感性的 C、W 表

指标名称	地面高程	坡度	C	W
地面高程	0.6667	0.6667	1.3333	0.6667
坡度	0.3333	0.3333	0.6667	0.3333

表 5.10 脆弱性的 C、W 表

指标名称	道路密度	土地利用	C	W
道路密度	0.6667	0.6667	1.3333	0.6667
土地利用	0.3333	0.3333	0.6667	0.3333

表 5.11 防灾减灾的 C、W 表

指标名称	人员抢险救灾距离	医院距离	C	W
人员抢险救灾距离	0.75	0.75	1.50	0.75
医院距离	0.25	0.25	0.50	0.25

4. 层次一致性检验

为检验本书中构建的各层析分析结构的判断矩阵中各指标之间的比较标度的逻辑合理性，需要对各判断矩阵进行层次一致性检验。当各判断矩阵均通过一致性检验时，才可以保证指标权重分析的合理性。一致性检验需先计算判断矩阵的最大特征根，再计算一致性指标 CI，最后查询 RI 取值、计算一致性比率 CR 并判断是否通过一致性检验。对准则层进行一致性检验计算，分析结果见表 5.12。

表 5.12 判断矩阵一致性检验

判断矩阵	λ_{max}	CI	RI	CR
准则层	4.0710	0.02367	0.90	0.0263
危险性	2	0	0	0
敏感性	2	0	0	0
脆弱性	2	0	0	0

由表5.12可知，判断矩阵的 CR 值均小于0.1，即表明各判断矩阵具有很好的一致性，其在逻辑上判断合理，本书构建的石家庄主城区内涝风险评估指标体系及其权重值见表5.13。

表 5.13 石家庄主城区城市内涝灾害风险评估指标权重值表

目标层	准则层	准则权重	指标层	指标权重
城市内涝灾害风险	危险性	0.4445	淹没水深	0.75
			淹没历时	0.25
	敏感性	0.2832	地面高程	0.6667
			坡度	0.3333
	脆弱性	0.1651	土地利用	0.3333
			道路密度	0.6667
	防灾减灾	0.1072	医院距离	0.25
			人员抢险救灾	0.75

分析准则层和指标层的权重结果可知，在石家庄主城区的内涝灾害风险评估中，危险性的权重占比最大，即内涝水情自身的危险性更为重要，其主要原因在于研究区域在石家庄中心城区，风险分析中更关注淹没水深及历时等危险性指标的分布有利于做好风险应对措施。

5.2.4 风险评估

1. 准则层的区划

危险性分析主要针对淹没水深（X_1）、淹没历时（X_2）2个指标进行分析，从而确定危险性的分布及其相对大小，根据已经计算好了的各指标权重，利用ArcGIS的空间分析方法计算两种设计降雨情境下的各栅格单元的危险性（B_1），计算公式如下：

$$B_1=0.75X_1+0.25X_2 \tag{5.1}$$

采用自然间断点法对危险性分析结果进行4个不同危险性等级的区划，分别采用1、2、3、4分别代表低、中、较高、高危险性，两种情景下危险性区划结果如图5.12～图5.19所示。

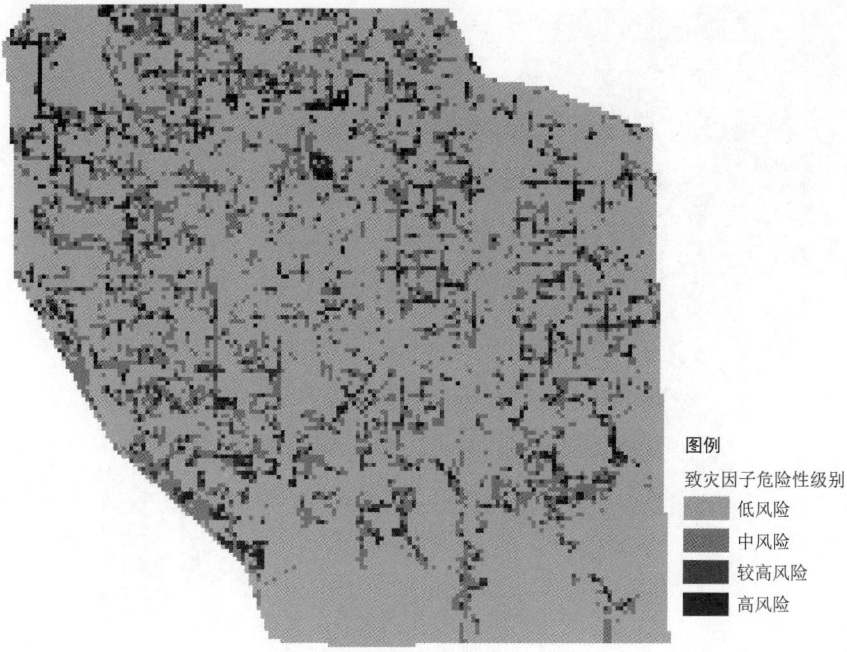

图 5.12　50 年一遇下石家庄主城区内涝灾害危险性区划图

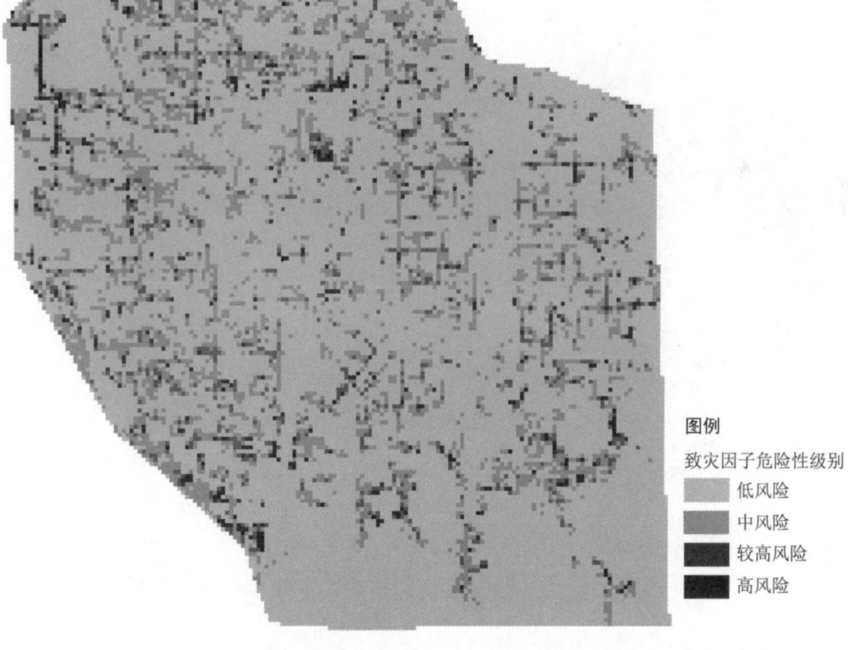

图 5.13　30 年一遇下石家庄主城区内涝灾害危险性区划图

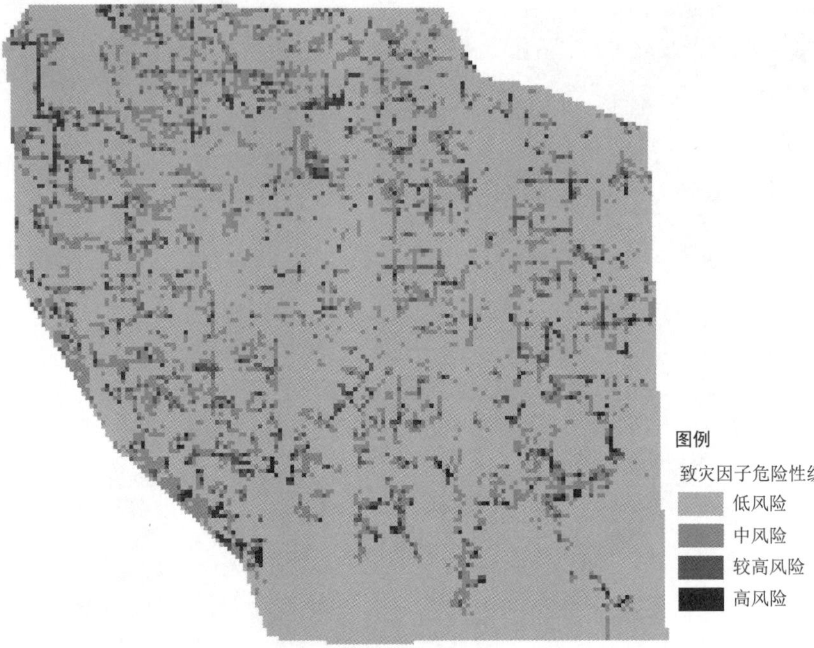

图 5.14 20年一遇下石家庄主城区内涝灾害危险性区划图

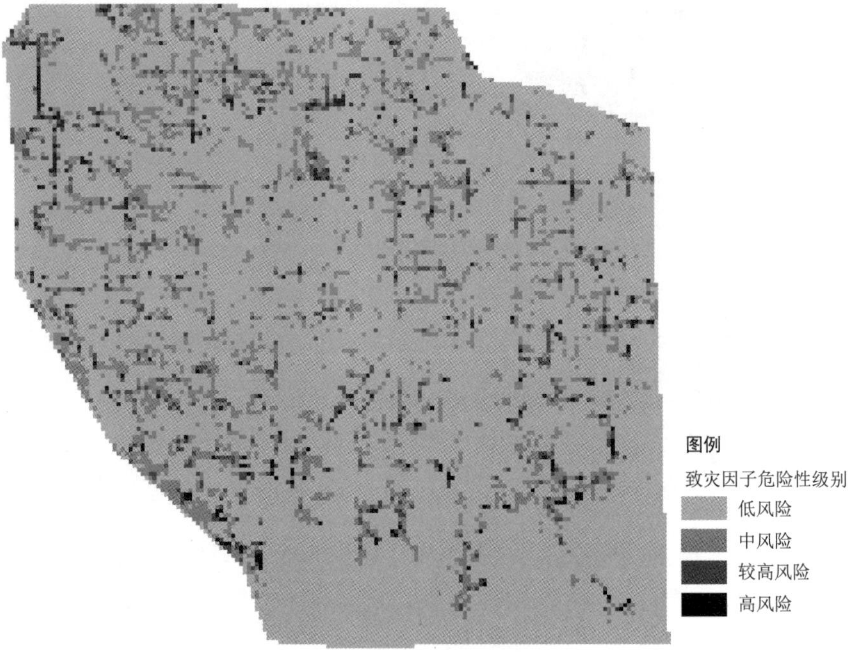

图 5.15 10年一遇下石家庄主城区内涝灾害危险性区划图

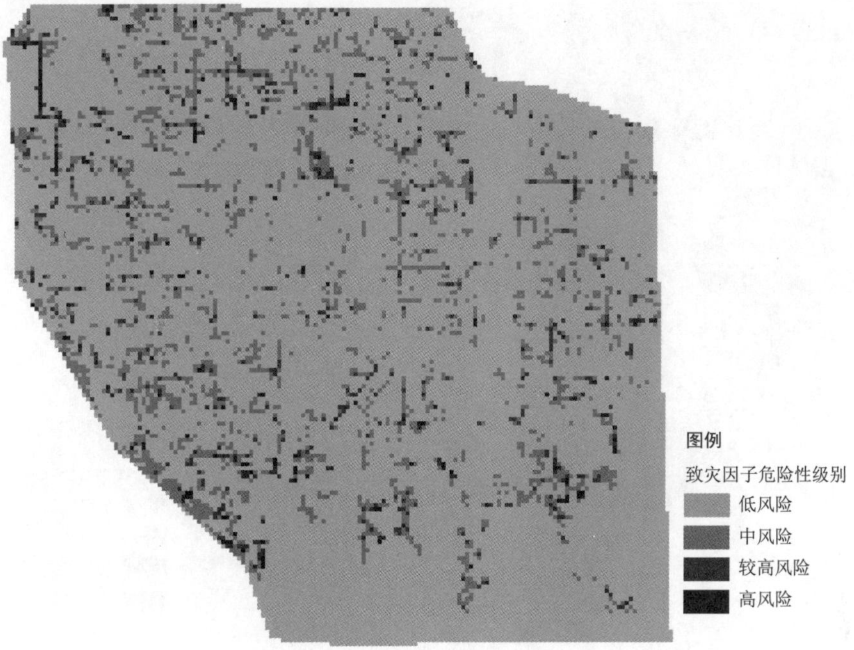

图 5.16 5 年一遇下石家庄主城区内涝灾害危险性区划图

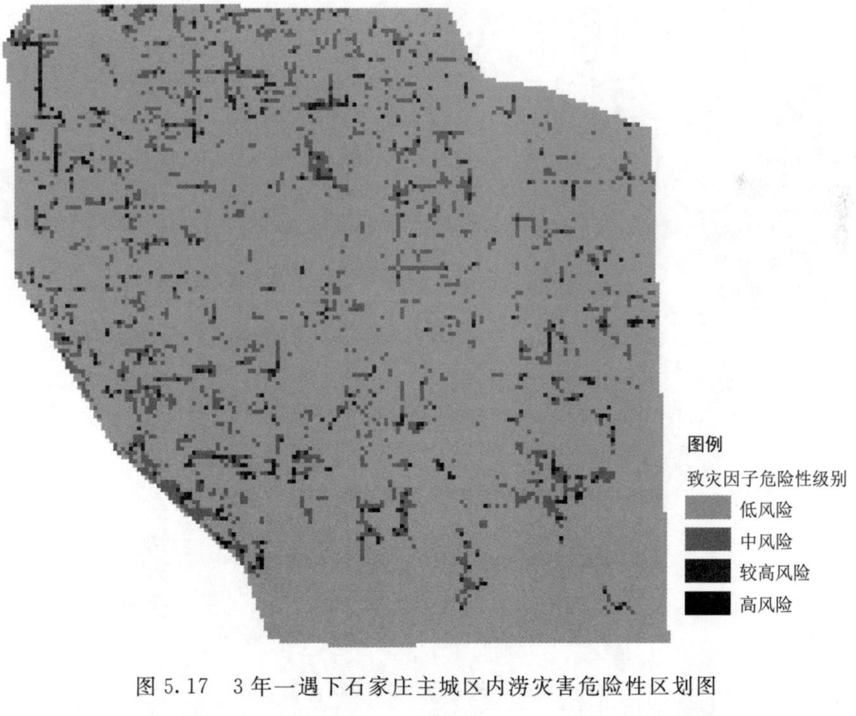

图 5.17 3 年一遇下石家庄主城区内涝灾害危险性区划图

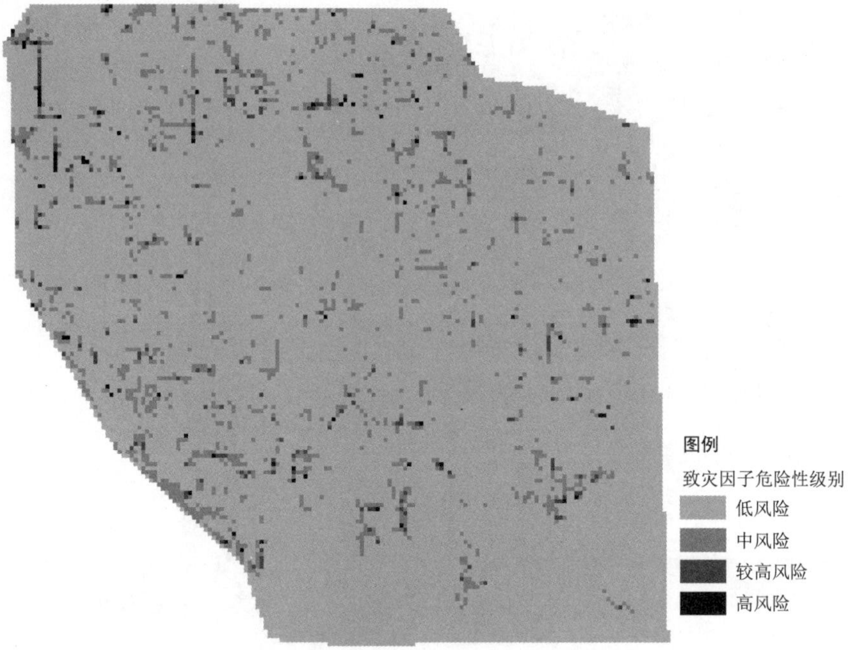

图 5.18 2 年一遇下石家庄主城区内涝灾害危险性区划图

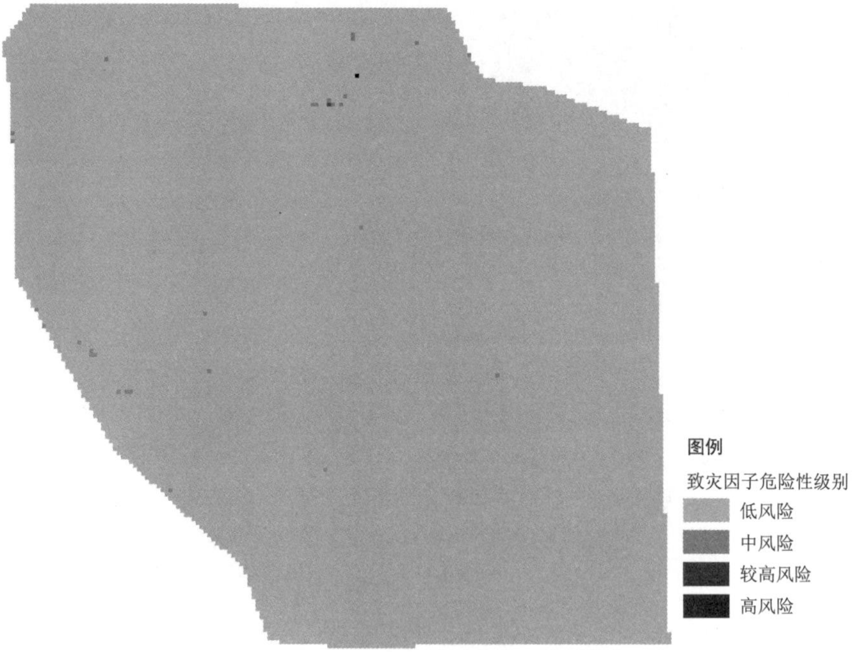

图 5.19 1 年一遇下石家庄主城区内涝灾害危险性区划图

由图 5.12～图 5.19 可知，石家庄内涝灾害致灾因子高风险性和较高风险性区域主要分布在大郭村、电大街、和平路等地道桥和电大街、汇丰路和汇通路等道路地带，这些区域地下排水管网标准较低，管道排水能力不足，淹没情况较为严重。且随着暴雨重现期的降低，高风险和较高风险区域面积占比逐渐降低，在 1 年一遇降雨的内涝危险性评估中，区域内基本内涝无危险性区域。

孕灾环境敏感性（B_2）主要针对地面高程（X_3）和坡度（X_4）进行分析，从而确定孕灾环境敏感性大小，计算公式如下：

$$B_2 = 0.6667X_3 + 0.3333X_4 \tag{5.2}$$

采用自然间断点法对敏感性分析结果进行 4 个不同风险性等级的区划，分别采用 1、2、3、4 分别代表低、中、较高、高风险性，两种情景下敏感性区划结果如图 5.20 所示。

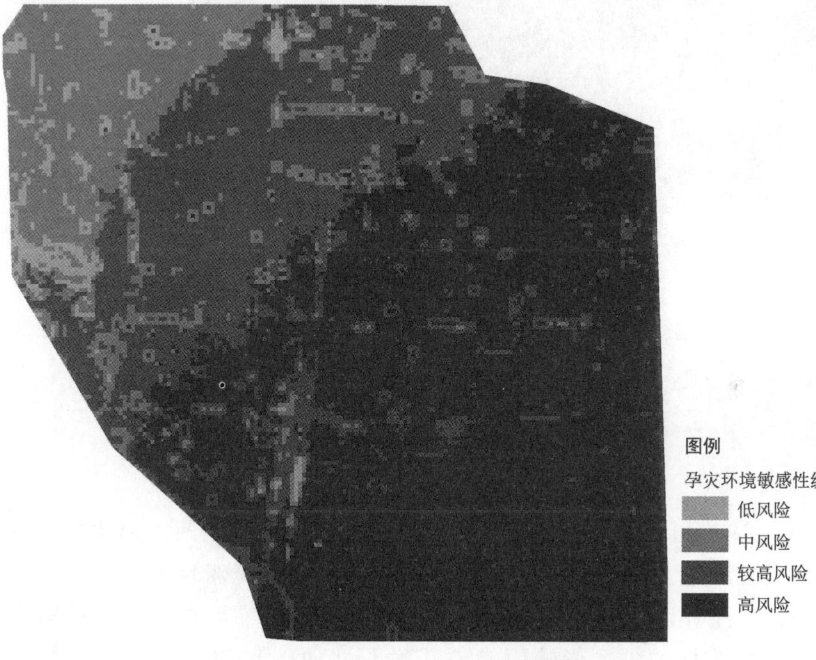

图 5.20 石家庄主城区内涝灾害敏感性区划图

由图 5.20 可知，石家庄主城区内涝灾害敏感性高风险和较高风险区域主要分布主城区的西北部，且其风险等级自西北向东南呈现逐渐降低趋势，这主要是因为石家庄主城区地势呈西北高、东南低，而地面高程作为敏感性的主要影响因素，因此西北地区内涝敏感性风险等级较高。

对于脆弱性（B_3）和防灾减灾（B_4）分别选取土地利用（X_5）、道路密度（X_6）和医院距离（X_7）指标和人员抢险救灾（X_8），利用式（5.3）、式（5.4）分别计算，并采用自然间断点法对脆弱性和防灾减灾能力分析结果进行 4 个不同危险性等级的区划，分别采用 1、2、3、4 分别代表低、中、较高、高风险性，两种情况区划结果如图 5.21 所示。

$$B_3=0.6667X_5+0.3333X_6 \tag{5.3}$$

$$B_4=0.25X_7+0.75X_8 \tag{5.4}$$

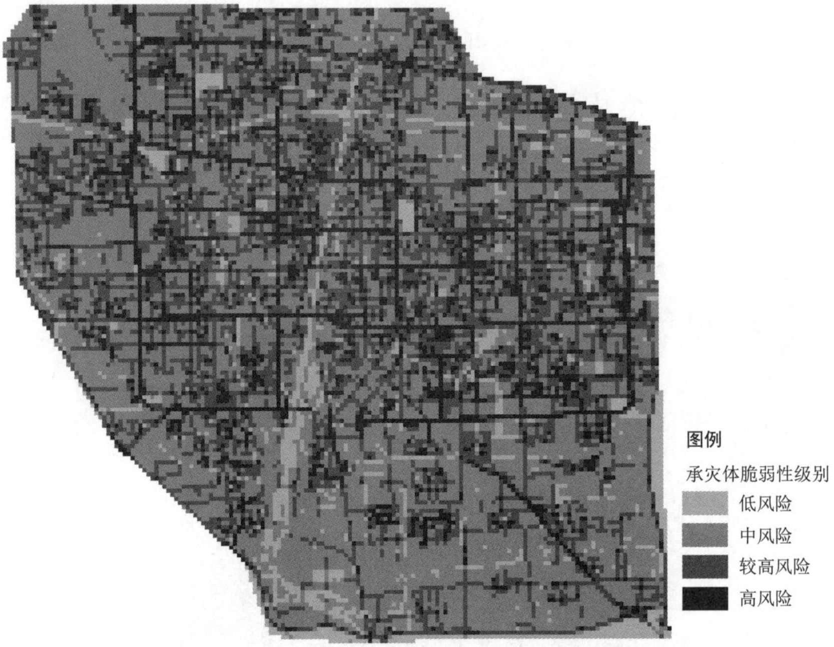

图 5.21　石家庄主城区内涝灾害脆弱性区划图

从图 5.21 中可以看出，相较于其他地段，以城区为主的中部地区，其土地利用多为建筑用地且道路密度较高，因此从内涝灾害脆弱性上可以看出，整个石家庄的社会经济呈现出以中部为主体向外扩散的分布状况。由于道路密度作为内涝灾害脆弱性的主要影响因素，其脆弱性的较高和高风险区域多沿道路分布。

通过搜集石家庄主城区内具有医疗救助能力的医院位置和针对内涝的人员抢险救灾点位，并通过距离分析进行主城区的内涝防灾减灾能力评估，其风险等级分布呈现以中部为主体，风险等级向外逐渐增大的趋势。石家庄主城区内涝灾害防灾减灾能力区划如图 5.22 所示。

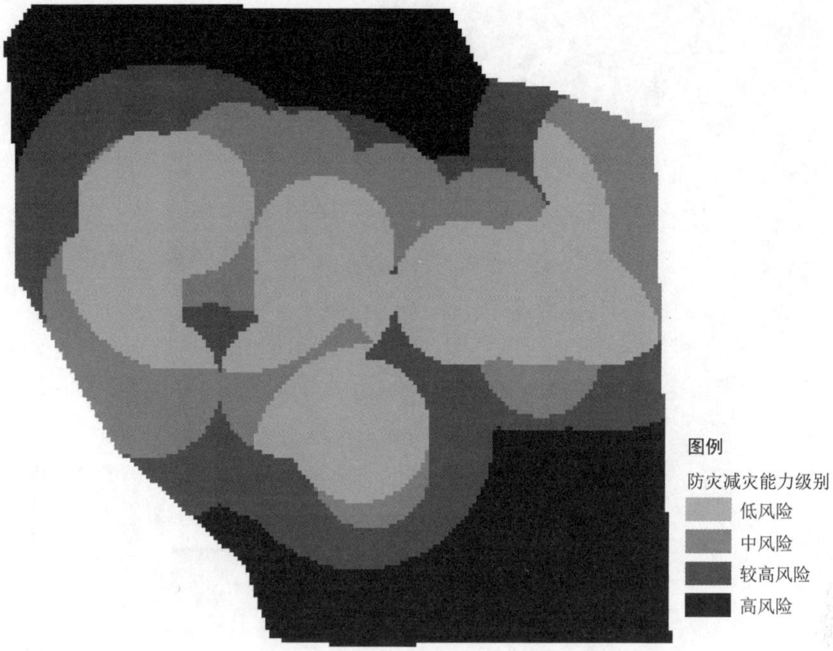

图 5.22 石家庄主城区内涝灾害防灾减灾能力区划图

2. 风险评估结果

城市内涝灾害风险是由致灾因子危险性、孕灾环境敏感性、承灾体脆弱性和防灾减灾能力共同作用的结果，根据计算好的指标权重，石家庄主城区内涝灾害风险（R）的计算公式如下：

$$R=0.4445B_1+0.2832B_2+0.1651B_3+0.1072B_4 \tag{5.5}$$

利用计算各栅格风险值大小，采用自然间断点法对风险分析结果进行 4 个等级的区划分别采用 1、2、3、4 分别代表低、中、较高、高风险，其区划结果如图 5.23～图 5.30 所示。

统计各不同重现期风险区面积及其比例，见表 5.14～表 5.21。

表 5.14 石家庄主城区 50 年一遇内涝灾害风险面积统计表

风险等级	面积/km²	百分比/%
低风险	49.92	23.42
中风险	109.16	51.20
较高风险	40.23	18.87
高风险	13.88	6.51
总和	213.19	100.00

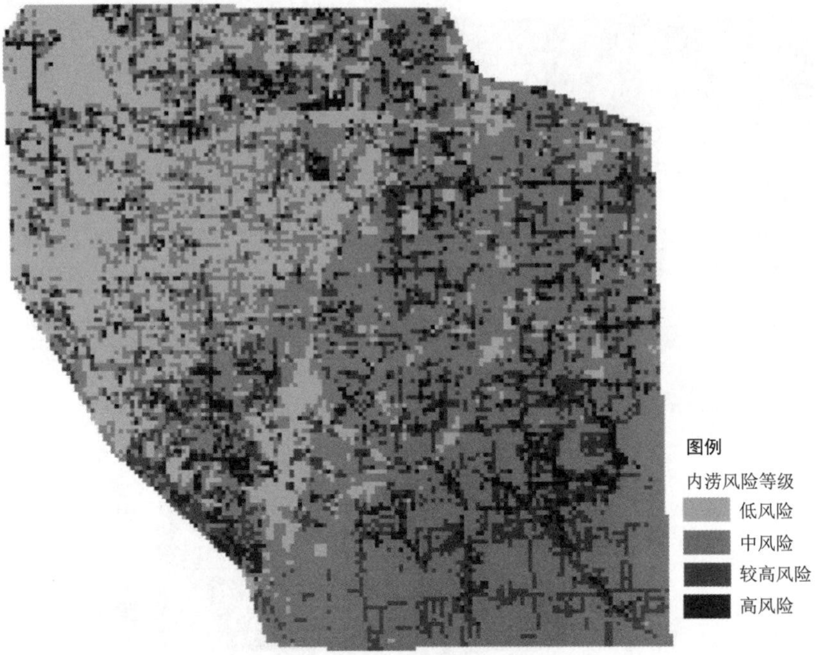

图 5.23　石家庄主城区 50 年一遇内涝灾害风险区划图

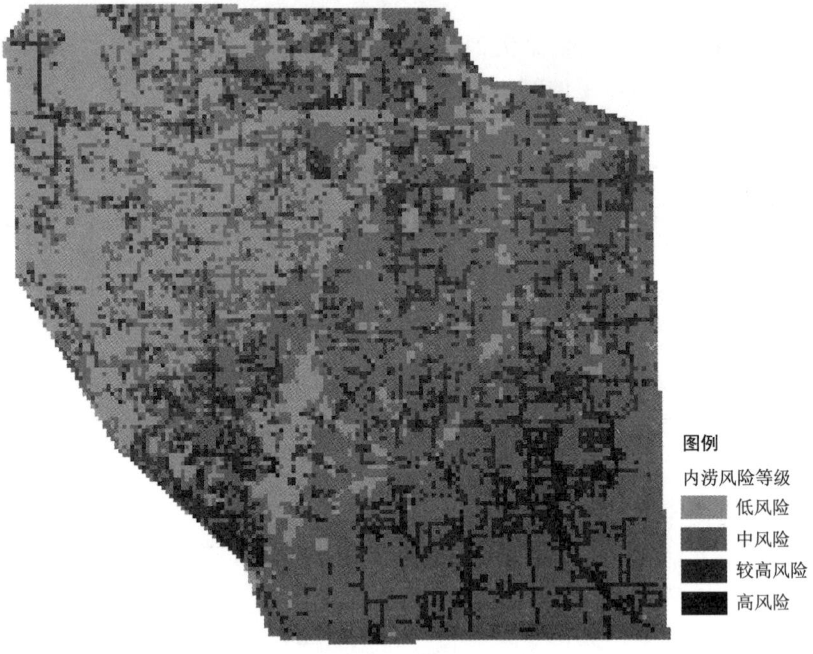

图 5.24　石家庄主城区 30 年一遇内涝灾害风险区划图

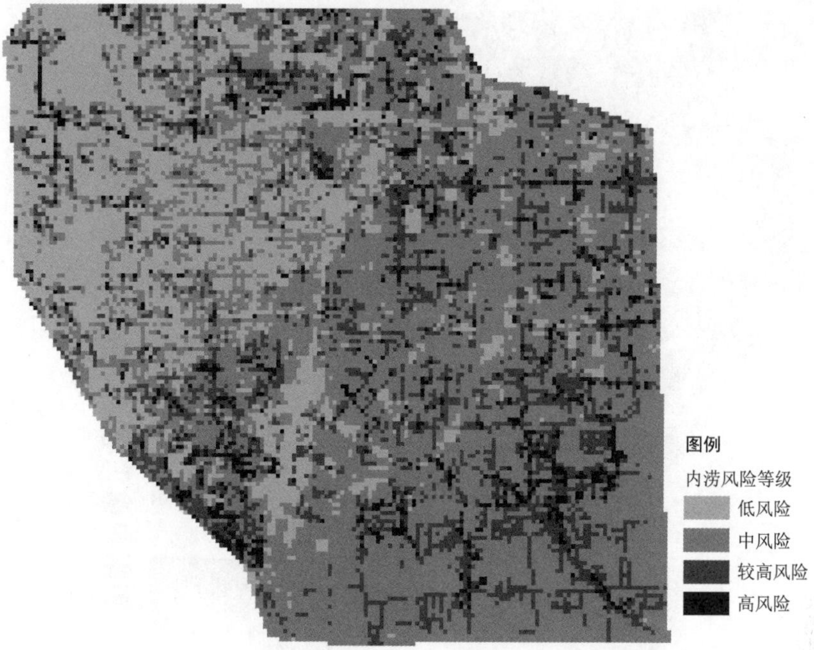

图 5.25　石家庄主城区 20 年一遇内涝灾害风险区划图

图 5.26　石家庄主城区 10 年一遇内涝灾害风险区划图

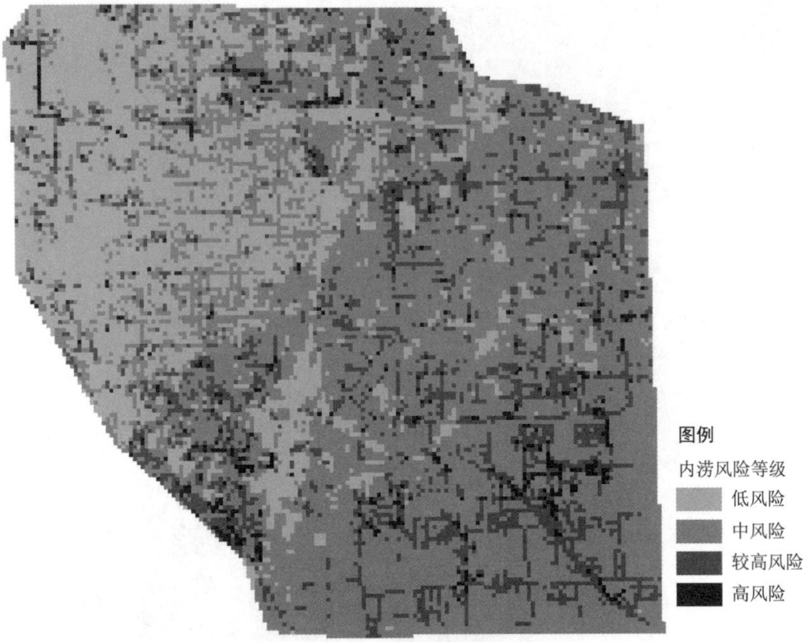

图 5.27　石家庄主城区 5 年一遇内涝灾害风险区划图

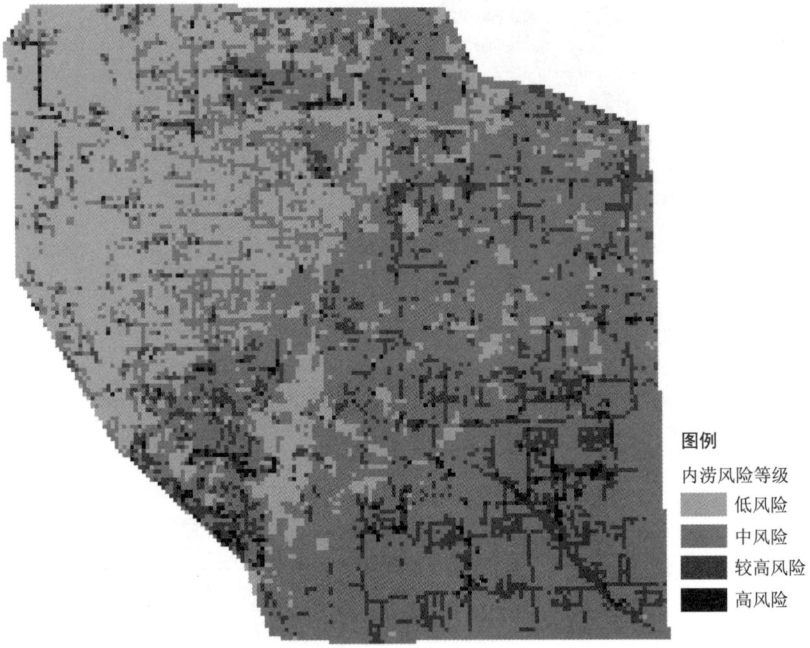

图 5.28　石家庄主城区 3 年一遇内涝灾害风险区划图

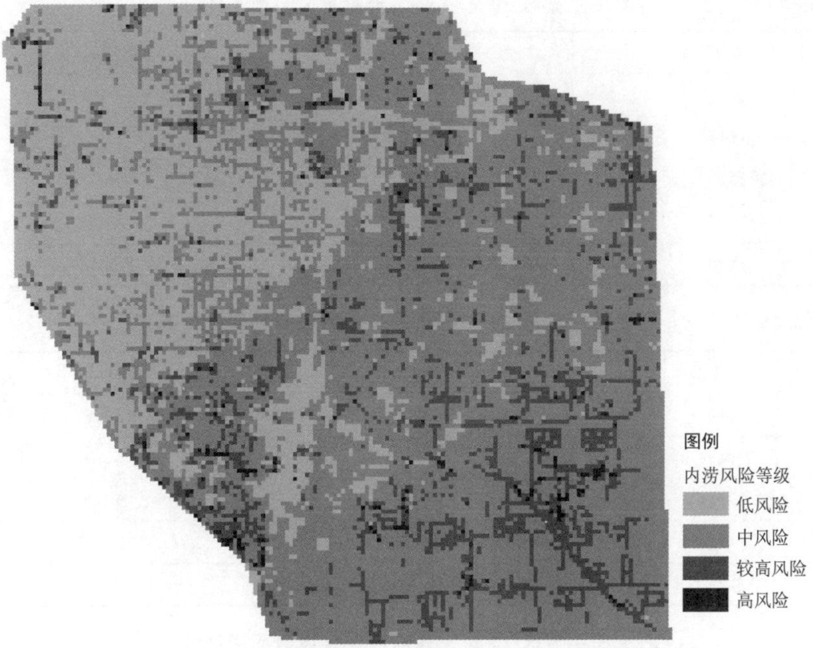

图 5.29　石家庄主城区 2 年一遇内涝灾害风险区划图

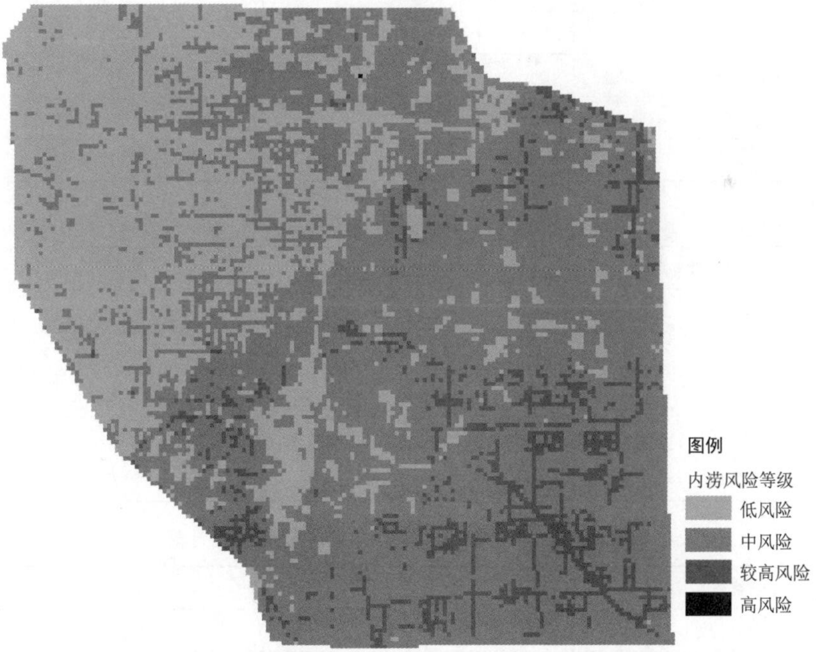

图 5.30　石家庄主城区 1 年一遇内涝灾害风险区划图

表 5.15 石家庄主城区 30 年一遇内涝灾害风险面积统计表

风险等级	面积/km^2	百分比/%
低风险	51.72	24.26
中风险	110.96	52.05
较高风险	38.82	18.21
高风险	11.69	5.48
总和	213.19	100.00

表 5.16 石家庄主城区 20 年一遇内涝灾害风险面积统计表

风险等级	面积/km^2	百分比/%
低风险	52.95	24.84
中风险	111.89	52.48
较高风险	37.69	17.68
高风险	10.66	5.00
总和	213.19	100.00

表 5.17 石家庄主城区 10 年一遇内涝灾害风险面积统计表

风险等级	面积/km^2	百分比/%
低风险	55.24	25.91
中风险	114.05	53.50
较高风险	35.67	16.73
高风险	8.23	3.86
总和	213.19	100.00

表 5.18 石家庄主城区 5 年一遇内涝灾害风险面积统计表

风险等级	面积/km^2	百分比/%
低风险	58.17	27.28
中风险	117.27	55.01
较高风险	31.85	14.94
高风险	5.90	2.77
总和	213.19	100.00

表 5.19 石家庄主城区 3 年一遇内涝灾害风险面积统计表

风险等级	面积/km^2	百分比/%
低风险	60.42	28.35
中风险	119.54	56.07

续表

风险等级	面积/km²	百分比/%
较高风险	29.00	13.60
高风险	4.23	1.98
总和	213.19	100.00

表 5.20　石家庄主城区 2 年一遇内涝灾害风险面积统计表

风险等级	面积/km²	百分比/%
低风险	62.54	29.34
中风险	122.55	57.48
较高风险	25.69	12.05
高风险	2.41	1.13
总和	213.19	100.00

表 5.21　石家庄主城区 1 年一遇内涝灾害风险面积统计表

风险等级	面积/km²	百分比/%
低风险	68.68	32.22
中风险	127.98	60.03
较高风险	16.52	7.75
高风险	0.01	0
总和	213.19	100.00

在原有通过情景模拟获得的淹没水深和淹没历时等数据的基础上，增加了城市地形地貌、用地、道路、防灾等因素，并进行综合的风险评估。通过 8 个设计情景的风险评估结果来看，原有的北城路泰华街口、高东街与高柱路交汇处、石纺路地道桥、大郭村等积水严重区域，其风险评估结果皆为较高风险。而建设南大街河北科技大学以北地区、汇丰路等处积水灾害相对较轻，但是街道附近人口密集，下垫面皆为道路建筑，承灾体脆弱性等级较高，最终风险评估仍具有较高风险。石家庄主城区内涝灾害风险评估分区面积统计见表 5.22。

表 5.22　石家庄主城区内涝灾害风险评估分区面积统计表

重现期/年	低风险区面积/km²	中风险区面积/km²	较高风险区面积/km²	高风险区面积/km²
1	68.68	127.98	16.52	0.01
2	62.54	122.55	25.69	2.41
3	60.42	119.54	29.00	4.23
5	58.17	117.27	31.85	5.90

续表

重现期/年	低风险区面积/km^2	中风险区面积/km^2	较高风险区面积/km^2	高风险区面积/km^2
10	55.24	114.05	35.67	8.23
20	52.95	111.89	37.69	10.66
30	51.72	110.96	38.82	11.69
50	49.92	109.16	40.23	13.88

5.3 本章小结

（1）以致灾因子危险性、孕灾环境敏感性、承灾体脆弱性与防灾减灾能力 4 方面为准则层，选取淹没水深、淹没历时、地面高程、坡度、道路密度、土地利用、医院距离和人员抢险救灾距离 8 个指标，构建城市内涝灾害风险评估体系。

（2）采取层次分析法进行评价指标体系权重计算，结果表明：石家庄主城区的内涝灾害风险评估中，危险性的权重占比最大，即内涝水情自身的危险性更为重要，其主要原因在于研究区域在石家庄中心城区，风险分析中更关注淹没水深及历时等危险性指标的分布可以更好的做好风险应对措施。

（3）利用计算各栅格风险值大小，采用自然间断点法对城市内涝灾害风险分析结果进行 4 个等级的区划分别采用 1、2、3、4 分别代表低、中、较高、高风险，绘制了不同重现期下（50 年、30 年、20 年、10 年、5 年、3 年、2 年、1 年）的内涝灾害风险区划图，统计了不同重现期下（50 年、30 年、20 年、10 年、5 年、3 年、2 年、1 年）风险区面积及占比。

本章彩图

第 6 章　城市内涝监测预警技术研究

为高效应对城市内涝的突发，迫切需要建立一套以防汛部门为主，其他有关部门相互配合的城市内涝综合实时监测预警系统。该系统通过搭建一个各部门数据共享、应急联动的内涝预警发布平台，充分利用气象监测、暴雨内涝仿真和防汛部门的防汛指挥决策，使预警信息快速发布到政府领导、防汛相关责任人和公众中，从非工程措施角度为城市防涝减灾与应急管理提供支撑，避免和减少气象灾害和次生灾害造成的损失，通过准确预报，及时预警，为城市的科学管理提供准确、快速的信息服务。

6.1　城市内涝监测预警技术研究概述

根据城市内涝灾害应急抢险的任务特点，梳理城市内涝灾害监测预警及应急抢险整体业务流程，如图 6.1 所示。

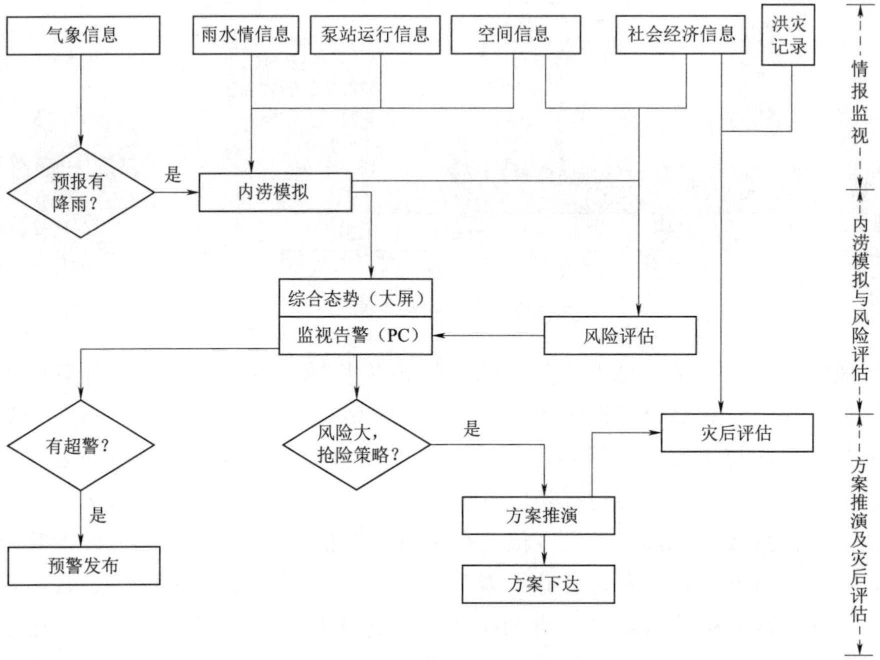

图 6.1　整体业务流程图

整个业务按照“情报监视、内涝模拟与风险评估、方案推演及灾后评估”三个阶段进行，具体为：实时监视有无强降雨→有强降雨，则进行内涝计算，模拟积水区域、积水深度及历时信息，并提供PC、大屏等展现模式→发现有积水（预警）则通过信息发布模块将预警信息推送给相关人员；同时结合空间信息、社会经济信息，采用城市内涝风险评估模型分析计算城市内涝风险区划→若模拟积水区域风险较大，则进行方案推演，快速找到最近的物资仓库、抢险队，分析计算最佳最短抢险路线，拟定辅助方案为决策指挥提供支持→最后与积水监测数据进行对比，分析模拟结果与实际结果的偏差，同时统计影像人口、设施等社经信息，进行灾后评估。

内涝模拟包括城市综合内涝模拟模型建立、城市内涝模拟计算两大部分内容。城市综合内涝模拟模型建立部分首先需要收集整理数据，然后进行城市内涝模拟方案建模工作，最后选取多场次降雨数据进行率定与验证。城市内涝模拟计算部分在接收到暴雨预警后，接入（石家庄站）雨水监测数据、模拟区域（石家庄市主城区）5km×5km格点逐时段预报降雨数据，植入城市综合内涝模拟模型进行内涝模拟计算，输出积水淹没区域、淹没历时等信息，并叠加在GIS底图上，以分布图、列表等可视化形式展现。同时可以将内涝模拟成果存储入库、进行删除等管理操作。内涝模拟业务流程如图6.2所示。

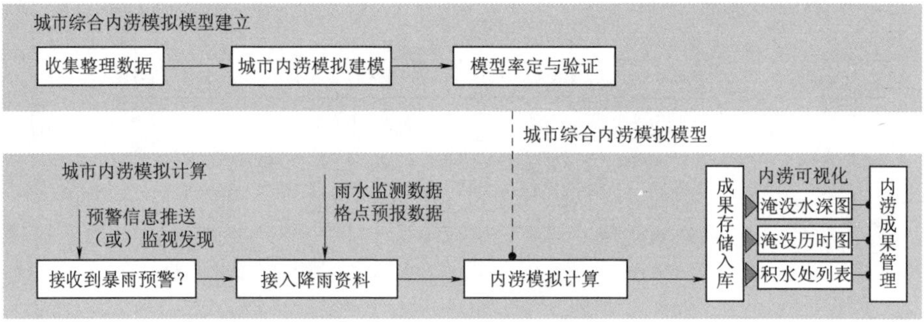

图6.2 内涝模拟业务流程

风险评估包括城市内涝风险评估模型建立和城市内涝风险区划计算两大部分内容。模型建立部分首先构建多因子风险评估指标体系（层次分析法），然后收集淹没水深与历时、地貌高程和坡度、土地利用等数据进行分析与处理，计算输出各项指标权重，得到石家庄主城区内涝灾害风险（R）的计算公式。风险评估部分则接入内涝模拟成果（预测水深与历时信息），植入内涝风险计算公式进行内涝风险计算，将石家庄市主城区划分为低风险区、中风险区、较高风险区、高风险区四个等级，动态自动生成城市内涝灾害综合风险区划图。内涝风险评估流程如图6.3所示。

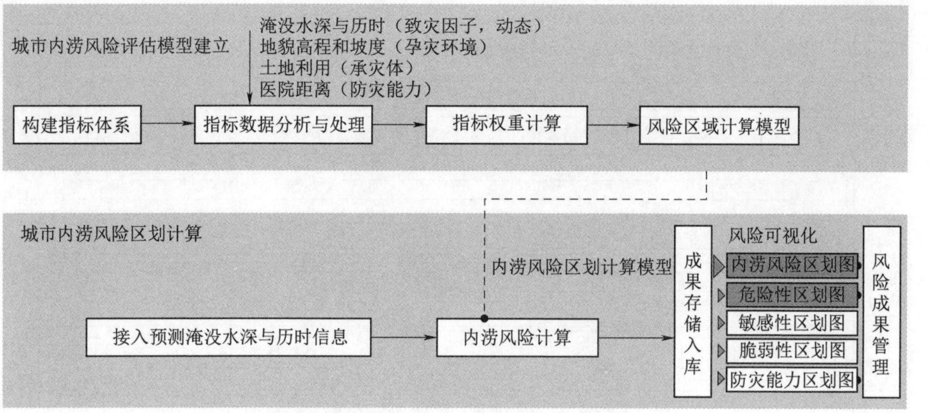

图 6.3　内涝风险评估流程

6.2　石家庄市城市内涝灾害监测预警系统实例研究

6.2.1　总体设计

以需求为导向，以应用促发展，坚持顶层设计、集约建设、整合共享，建设河北城市内涝灾害监测预警系统。具体建设思路如下。

1. 多途径保障数据来源

底层数据资源是整个系统运行的基础。拟打造统一的多源数据接入总线，通过数据汇集服务从多个部门、多种途径接入实测雨水、预报降雨、视频监控等数据资源，为上层各业务应用提供基础数据支撑。

2. 多层次架构保障平台可扩展

遵循 J2EE 多层次架构开发河北城市内涝灾害监测预警系统，将地图服务、内涝模拟计算、风险评估计算等专业应用在支撑层封装成业务组件服务，使监视告警、内涝模拟、风险评估、应急指挥、灾后评估等业务应用在支撑平台及数据库的支撑下运行，从而保证平台具有较高的可扩展性。

3. 需求主导思路

以满足实际需求，提升业务支撑能力为目的，建立以河北城市内涝灾害监测预警系统应用需求为导向、信息技术应用服从于业务需求的科学发展模式，注重实用、好用够用，确保平台尽快发挥效益。

系统采用多层次体系框架构建，主要包括信息采集层、环境支撑层、数据资源层、应用支撑层、业务应用层、用户交互层，以及已有的网络与信息安全体系及标准规范体系，其技术架构如图 6.4 所示。

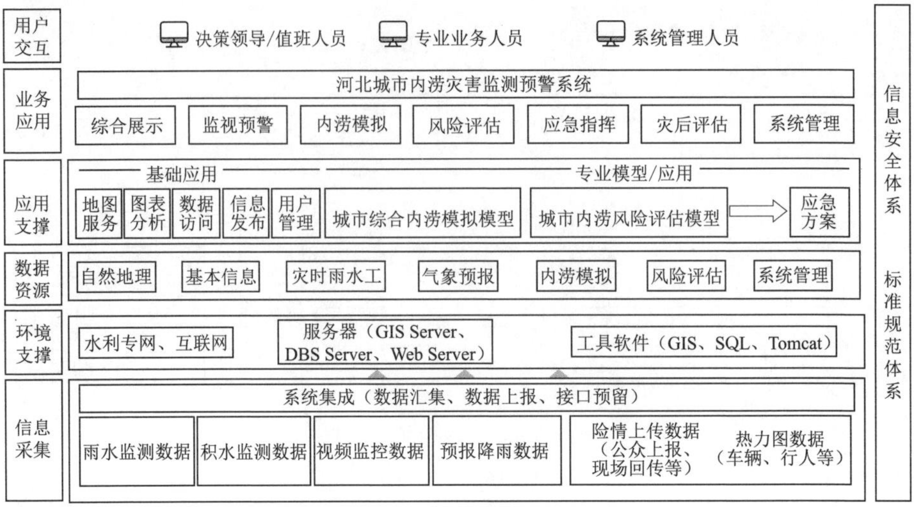

图6.4 技术架构图

（1）信息采集。通过数据汇集服务实现雨水监测数据、积水监测数据、视频监控数据、预报降雨数据的接入、清洗、同化、入库等操作。同时预留险情数据上传接口、热力图数据接入接口。

（2）环境支撑。依托项目建设单位现有基础环境下的服务器提供Web服务、数据库服务、GIS服务运行环境。

（3）数据资源。整个系统相关自然地理、基本信息、灾时雨水工、气象预报、内涝模拟、风险评估等数据存储、管理的载体，对数据存储体系进行统一管理。

（4）应用支撑。提供基础应用构件及专业应用服务，为上层业务应用建设提供技术支撑。其中基础应用包括地图服务、图表分析、用户及授权、信息发布、数据访问服务；专业应用包括城市综合内涝模拟模型、城市内涝风险评估模型服务。

（5）业务应用。充分融合用户需求，基于应用支撑层搭建了先进、科学、高效、实用的河北城市内涝灾害监测预警系统。系统提供的综合展示、监视预警、内涝模拟、风险评估、应急指挥、灾后评估、系统管理等业务应用有助于用户直观、快速地掌握河北城市雨水形势，及时进行应急决策以保障城市防洪安全。

（6）用户交互。主要是实现用户与业务应用系统之间的交互，可服务于水利、应急等相关业务部门，从职能上划分可分为决策领导/值班等浏览人员、专业业务人员、系统管理员三类。

6.2.2 部署设计

本书输出系统依托建设单位现有网络环境及软硬件环境部署，内网需要3台服务器分别部署GIS服务、Web服务、DBS服务，已有数据资源通过专网实现数据汇集，雨水监测、视频监控数据通过4G/5G、NB-IoT接入至安全区域的前置机，气象服务机构推送的预报降雨数据则通过互联网接入至前置机，前置机数据在隔离装置对安全的控制下将数据同步至内部办公网DBS服务器。部署网络拓扑结构见图6.5。

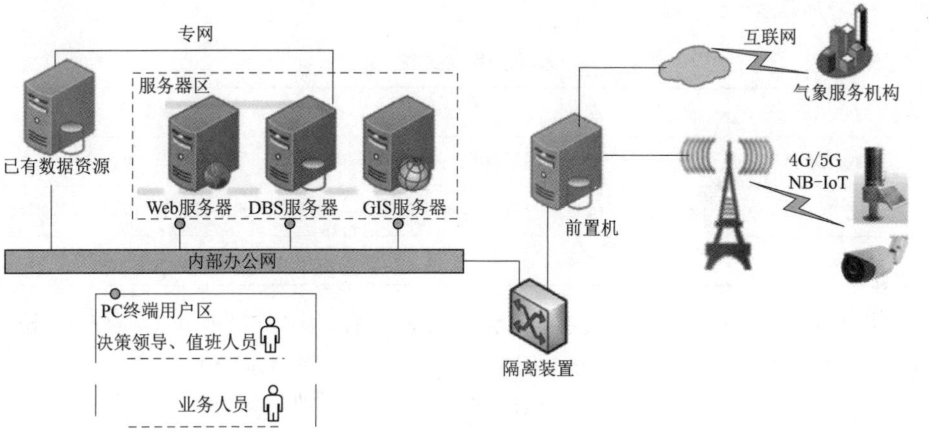

图6.5 部署网络拓扑结构图

6.2.3 安全设计

为保障河北城市内涝灾害监测预警系统的运行及数据安全，本书主要依托建设单位现有的安全保障体系，并重点在数据安全、代码安全、应用安全等层面加强河北城市内涝灾害监测预警系统的安全保障体系。

6.2.3.1 数据安全

（1）数据传输安全。在现有网络安全策略下，进一步采用如下技术保证数据传输安全：①数据加密传输；②IP地址过滤。

（2）数据库备份策略。保证数据库的日常备份，当数据库发生故障时可以快速还原。日常备份策略：①每周对业务数据做一次增量备份；②每月对业务数据做一次全备份；③每次业务数据做大调整后应立即做一次全备份。

6.2.3.2 代码安全

制定河北城市内涝灾害监测预警系统版本上线管理制度，严格对上线系统进行漏洞扫描和代码检查，避免系统受到SQL注入、跨站脚本等形式的不安全攻击。

6.2.3.3 应用安全

主要根据用户的级别与权限，对用户进行访问控制，从而有效、准确地保护业务信息不被外泄、篡改。

(1) 统一用户管理机制。提供统一用户管理服务、统一身份认证服务，确保登录进入河北城市内涝灾害监测预警系统的用户为有效用户。

(2) 角色管理及用户授权。系统管理员可以定义各类角色，给不同角色分配并指定可浏览/操作/管理的程序资源（即业务模块），并将用户划分到相应的角色中。河北省城市内涝灾害监测预警系统用户角色初步拟定见表6.1，管理员可自行增加或修改。

表6.1 系统角色说明

角色名称	角色描述
系统管理员	能够访问系统中所有功能，并对各类用户进行管理、授权
业务操作员	能够操作降雨资料设置、内涝模拟计算、内涝风险评估、应急资源管理等模块
值班/领导人员	能够访问综合展示、监视预警、内涝可视化、应急指挥、灾害评估等模块

(3) 功能/数据资源访问控制机制。登录的有效用户只能访问/操作被授权的功能/数据资源。访问控制分为服务端和客户端访问控制两个层面：

1) 客户端入口访问控制。对用户界面操作入口进行控制，即用户的操作界面是否出现某一功能菜单，在具体业务功能页面中，是否包含某一功能按钮等。客户端程序资源访问控制保证用户仅看到有权执行的界面功能组件，或者让无权执行的功能组件呈不可操作状态。

2) 服务端入口访问控制。在调用某一具体的程序资源（如API等）之前，判断会话用户是否有权执行目标程序资源，若无权，调用被拒绝，请求定向到出错页面，反之，目标程序资源被成功调用。

(4) 运行期对程序资源的访问的控制。用户登录系统后，其权限加载到缓存中，在访问某个程序资源之前，程序判断资源所对应的权限是否在用户的权限列表中。程序运行时，通过程序资源ID找到程序资源对应权限，进行访问控制的流程如图6.7所示。

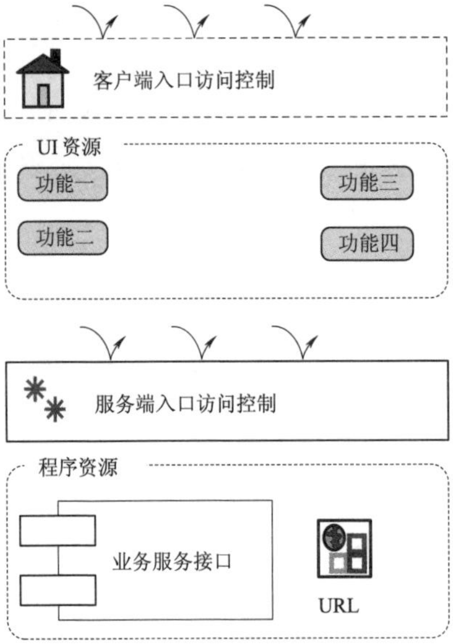

图6.6 资源访问控制模型

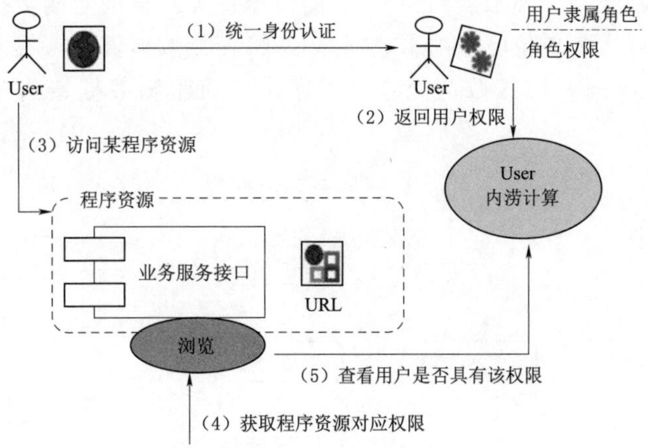

图 6.7 访问控制流程

6.2.4 集成设计

6.2.4.1 集成内容

(1) 视频监控系统。根据内涝模拟输出的积水路段，灵活调取相关部门（如交通、水利等）视频监控数据，快速掌握现场信息以辅助决策。

(2) 与短信发布接口的集成。接入电信运营商短信服务接口，支撑预警信息发送。

6.2.4.2 集成设计

1. 与视频监控系统的集成

根据内涝模拟输出的积水路段，灵活调取相关部门（如交通、水利等）视频监控数据，快速掌握现场信息以辅助决策。

(1) 集成方式 1：远程调用视频监控数据，实现数据集成。

(2) 集成方式 2：远程调用视频播放页面 URL，实现应用集成。

2. 与短信发布接口的集成

从服务端后台调用短信服务商提供的短信发布（API）接口，将定制好的预警信息以短信形式发布给指定人员。

(1) 输入：预警信息内容，人员手机号（以“,”分隔）。

(2) 输出：成功与否标识，日志。

6.2.5 关键技术设计

1. 多源数据汇集技术

开发数据接入总线，提供接入网关、安全校验、数据处理、监控统计等应用模块，实现物联网（雨水监测、视频/图像监视等）自动监测数据、行业单位已有数据资源（水利单位已有雨水数据库）、第三方数据资源（气象服务机构提供的降雨预报数据）的接收、处理、入库。自动监测数据接入逻辑如图 6.8 所示。

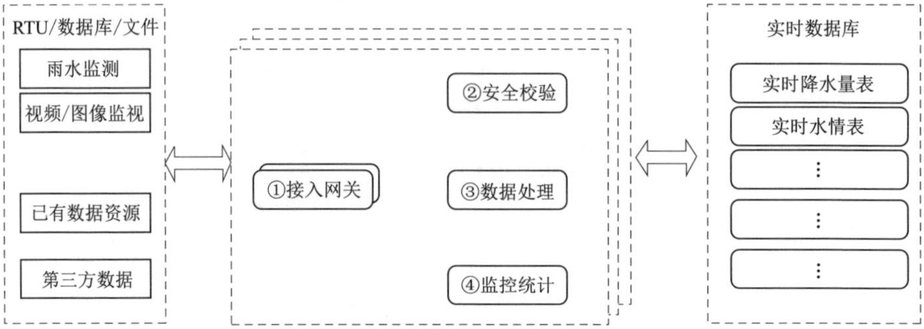

图 6.8 自动监测数据接入逻辑

（1）接入网关：包括数据采集、协议适配等功能。

（2）安全校验：包括数据校验、加密解密、防篡改等功能。

（3）数据处理：包括数据清洗、数据同化、应用计算、数据入库等功能。

（4）监控统计：包括网关/设备状态维护、反向控制、统计分析等功能。

2. 城市综合洪涝模拟技术

收集并处理研究区域的管网断面资料、地形高程资料、降雨数据资料、研究边界面和边界线数据、行政区数据、泵站数据、街道路面资料、历史降雨数据资料，构建一维管网模型，二维地表漫流模型和一维、二维耦合模型，形成城市综合内涝模拟模型，结合重点区域网格加密技术，提升关键部位积水风险模拟精度。技术路线如图 6.9 所示。

（1）模型构建：雨水管网数据、地表产汇流数据和地表高程数据。

（2）模型应用：预见期降雨过程（未来 24h 逐时段降雨）、预见期降雨过程（近 24h 逐时段降雨）、积水区域及水深、历时分布图（淹没水深分布图、淹没历时分布图）及列表信息（区域名称、积水深度、积水历时）。

3. 动态内涝风险评估技术

综合考虑城市的地形地貌、土地利用、历史灾情、排水标准等情况，将研究区域内涝风险等级总目标分解为致灾因子危险性、孕灾环境敏感性、承灾体脆弱性与防灾减灾能力 4 个方面，从上述四个准则层出发，根据指标选取原则选取合适指标，构建河北城市内涝灾害风险评估体系。技术路线如图 6.10 所示。

危险性因子由动态的淹没水深及历时指标构成，对城市内涝风险评估结果影响较大；敏感性因子由静态的地面高程和坡度指标构成；脆弱性因子由静态

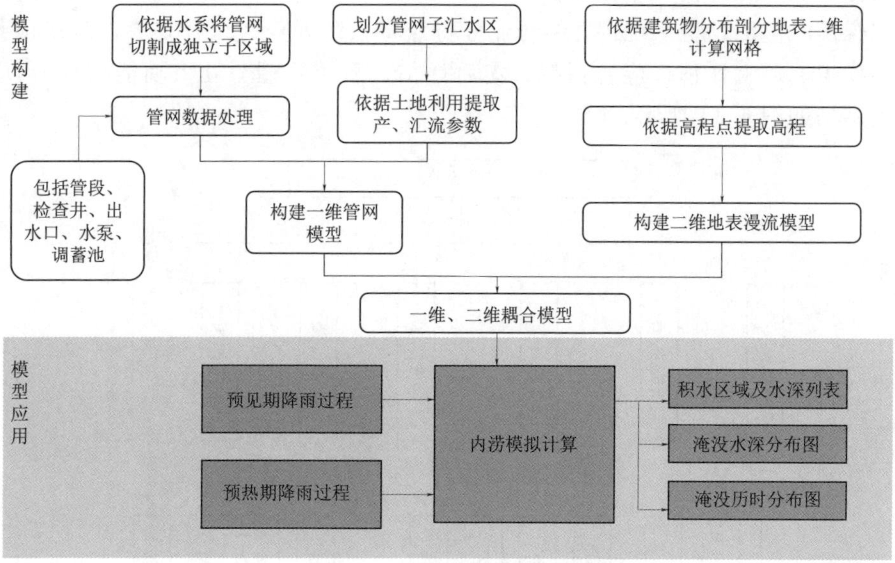

图 6.9 城市综合洪涝模拟技术路线

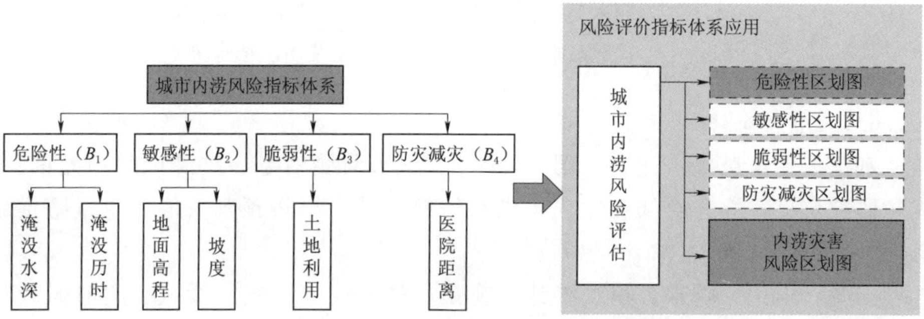

图 6.10 动态内涝风险评估技术路线

的土地利用指标构成；防灾减灾因子由静态的医院距离指标构成。

河北城市内涝灾害风险评估中采用的致灾因子危险性—孕灾环境敏感性—承灾体脆弱性—防灾减灾框架，综合考虑所选取的指标体系，采用层次分析法计算评估指标体系的指标权重，输入内涝模拟计算成果（预报降雨淹没水深、历时），利用 ArcGIS 的空间分析方法计算各栅格单元的危险性，输出河北城市内涝灾害危险性区划图。

6.2.6 系统主要功能

以本书提出的多要素立体监测采集技术、多空间尺度的综合洪涝模拟技术、多目标动态风险评估技术三项关键技术为基础，构建多功能集成式城市内涝灾害综合实时监测预警系统，并结合业务特点将系统划分为综合态势、监视预警、内涝模拟、风险评估、应急指挥、灾后评估、系统管理等几大功能模块，具体功能结构如图 6.11 所示。

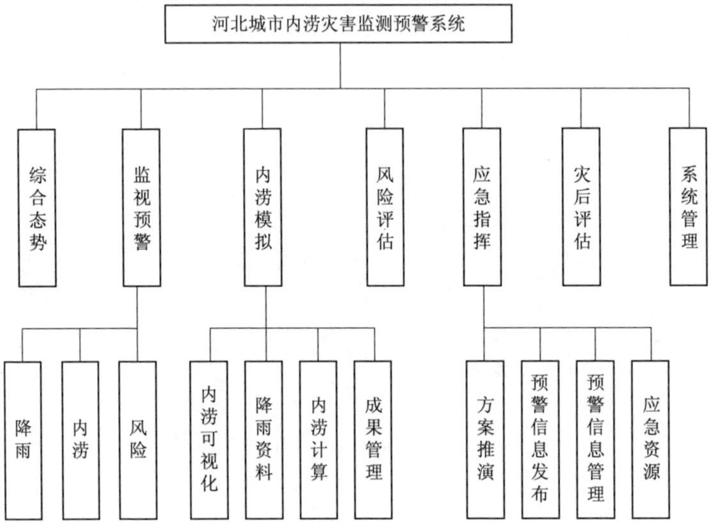

图 6.11 河北城市内涝灾害监测预警系统功能结构图

6.2.6.1 综合态势

基于气象信息（雷达、云图、降水）、积水监测信息、洪涝风险预测信息、视频监控信息，综合感知石家庄市洪水防御态势，分析预判采取应急抢险措施必要性及抢险时机。

云图、雷达、降水、积水统计、视频（站）列表、视频播放、实时风险评估、实时内涝预测等业务处理分别封装为 API 运行在后端，通过数据统一访问组件从数据库资源层获取相关的数据，按业务特点进行加工处理后，为综合态势前端气象信息、积水监测、视频监测、内涝及风险预测的应用提供业务支撑。API 输入与输出统计和综合态势逻辑结构见表 6.2 和图 6.12。

表 6.2 API 输入与输出统计表

API	输　入	输　出
云图	时间	云图（图片）
雷达	时间	雷达（图片）
降水	时间，时段长	降雨等值面
积水统计	时间	不同积水深度的积水点数，不同城区的积水点数

续表

API	输　入	输　出
视频（站）列表	视频站编号序列	视频站名称、播放接口
视频播放	视频站编号、时间	视频流
实时风险评估	时间	洪水风险区划图，不同城区积水点数
实时内涝预测	时间	积水预测表（积水点名称、最大水深、淹没历时）

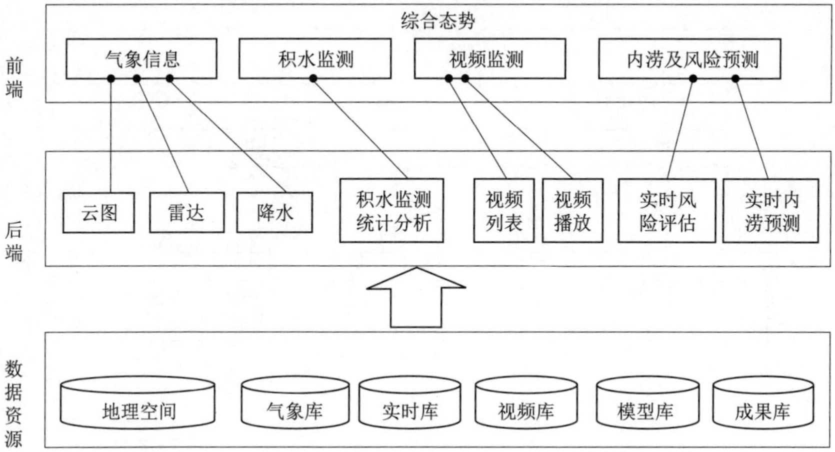

图 6.12　综合态势逻辑结构

6.2.6.2　监视预警

基于GIS底图可视化显示建设区域降雨、积水、风险实时及预测情况，动态掌握发展趋势、等值面分析、雨情列表、雨情统计、积水水情、河道水情、风险区划图、风险列表、风险统计等业务处理分别封装为API运行在后端，通过数据统一访问组件从数据库资源层获取相关的数据，按业务特点进行加工处理后，为降雨专题、积水专题、风险专题提供业务支撑。

监视预警主要包括降雨专题、积水专题、风险专题三个功能。后端API输入输出统计和监视预警逻辑结构见表6.3和图6.13。

表6.3　后端API输入输出统计表

API	输入	输　出
等值面分析	时间	等值面分布图
雨情列表	依据时间	站点、今日雨量、级别、未来24h雨量
雨情统计	依据时间	降雨站点个数、最大降雨（mm）

续表

API	输入	输　出
积水水情	依据时间	预测积水列表（路段名称、最大水深、持续时间） 预测开始时间、积水淹没水深分布
河道水情	依据时间	滹沱河/南泄洪渠/洨河预测最大流量、洪水频率
风险区划图	依据时间	风险区划图
风险列表	依据时间	行政区、风险点名称、风险级别
风险统计	依据时间	风险级别、风险点个数

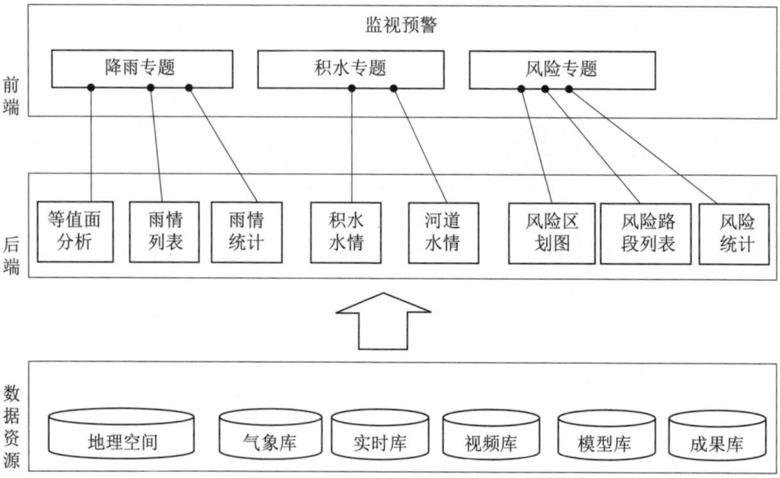

图 6.13　监视预警逻辑结构

6.2.6.3　内涝模拟

植入城市综合洪涝模拟模型，提供交互式页面分析计算城市内涝淹没范围和水深分布，动态模拟内涝（积水）变化过程，支持作业模拟、成果管理（查询、修改、删除、发布）、成果可视化等功能。

模型可对典型年雨水、实时雨水、预报雨水数据进行内涝模拟。

内涝成果详情、存储、删除、列表、发布，降雨过程列表、存储、积水点详情等业务处理分别封装为 API 运行在后端，通过数据统一访问组件从数据库资源层获取相关的数据，按业务特点进行加工处理后，为内涝可视化、降雨资料、内涝计算、成果管理、积水详情提供业务支撑。

具体包括内涝可视化（默认进入）、降雨资料、内涝计算、成果管理和积水详情五个子模块。内涝模拟逻辑结构和内涝成果 API 输入输出统计见图 6.14 和表 6.4。

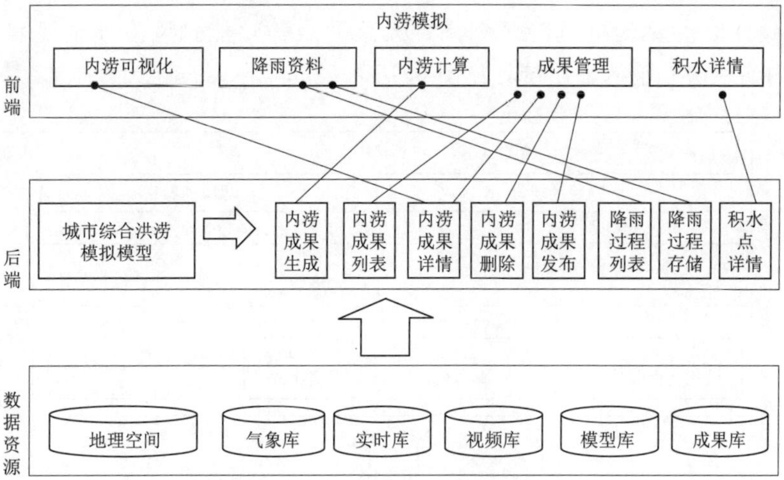

图 6.14 内涝模拟逻辑结构

表 6.4 内涝成果 API 输入输出统计表

API	输　入	输　出
内涝成果详情	成果编号	淹没水深分布图（逐时段）、积水路段列表（名称、水深、历时）
内涝成果生成	起止日期、边界条件（降雨过程）	类型（实时/预报）、起止日期、淹没水深分布图（逐时段）、积水路段列表（名称、水深、历时）
内涝成果删除	成果编号	成功与否标识，失败需描述原因
内涝成果列表	类型（典型、实时）	成果编号、成果名称
内涝成果发布	成果编号	成功与否标识，失败需描述原因
降雨过程列表	站码 起止日期	时间、时段雨量
降雨过程存储	站码、时间、时段雨量	成功与否标识，失败需描述原因
积水点详情	积水点编号	时间、积水深度

6.2.6.4 风险评估

植入城市内涝风险评估模型，结合内涝模拟成果，进行城市风险评估和区划。支持风险评估、成果管理（存储、详情）、成果可视化等功能。

内涝风险评估、存储、详情（包括内涝风险区划图、各因子区划图、风险列表）等业务处理分别封装为 API 运行在后端，通过数据统一访问组件从数据库资源层获取相关的数据，按业务特点进行加工处理后，为风险区划图、风险列表提供业务支撑。

风险评估主要支持风险区划图、风险列表等功能。风险评估逻辑结构和API（内涝风险）输入输出统计见图6.15和表6.5。

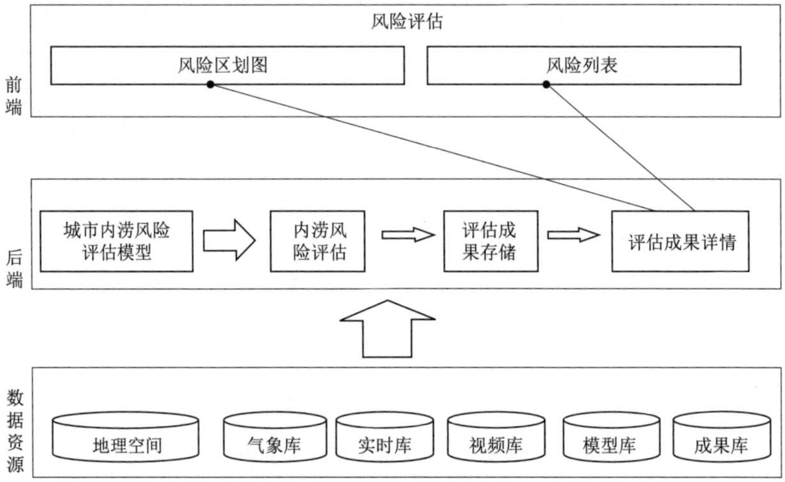

图6.15 风险评估逻辑结构

表6.5 API（内涝风险）输入输出统计表

API	输入	输出	备注
内涝风险评估	内涝模拟成果	内涝风险区划图 内涝风险列表（风险路段、级别）	先查询有无对应评估成果，若无则先评估后存储再输出
评估成果存储	内涝风险区划图 内涝风险列表 （风险路段、级别）	成功与否标识，失败需描述原因	
评估成果详情	内涝类型、编号	内涝风险区划图 内涝风险列表（风险路段、级别）	

（1）内涝风险评估：结合降雨数据、内涝模拟数据进行城市风险评估和区划，输出城市内涝低风险区、中风险区、较高风险区、高风险区所在位置，生成城市内涝灾害综合风险区划图。

（2）评估成果存储：将城市内涝风险区域图、内涝风险信息（路段名称、风险等级）存储入库。

（3）评估成果详情：采用GIS分布图、数据列表等形式综合展现某场次降雨下的内涝风险区域信息。

6.2.6.5 应急指挥

提供预警发布、方案推演、应急资源等功能模块，为防汛决策提供技术支撑。

（1）预警发布：将预警信息与媒介（如短信接口）相连接，及时发布并提醒相关人员注意防范。

（2）方案推演：按照事件发生、发展顺序从城区降雨、泵网排水、路段积水、应急指挥等场景推演“降雨—积水—应急”过程信息。

（3）应急资源：动态管理救援队伍、物资仓库等信息，为应急指挥模块的应急路线生成提供基础数据支撑。

内涝成果详情、电子应急预案（抢险最优路线）、预警信息（列表、详情、生成、保存、删除、审核、发布）、仓库信息（列表、保存、删除）、队伍信息（列表、保存、删除）分别封装为 API 运行在后端，通过数据统一访问组件从数据库资源层获取相关的数据，按业务特点进行加工处理后，为方案推演、预警发布、应急资源提供业务支撑。

该模块提供方案推演、预警发布、应急资源等业务应用，可为防汛决策提供技术支撑。应急指挥逻辑结构和 API（预警成功）输入输出统计见图 6.16 和表 6.6。

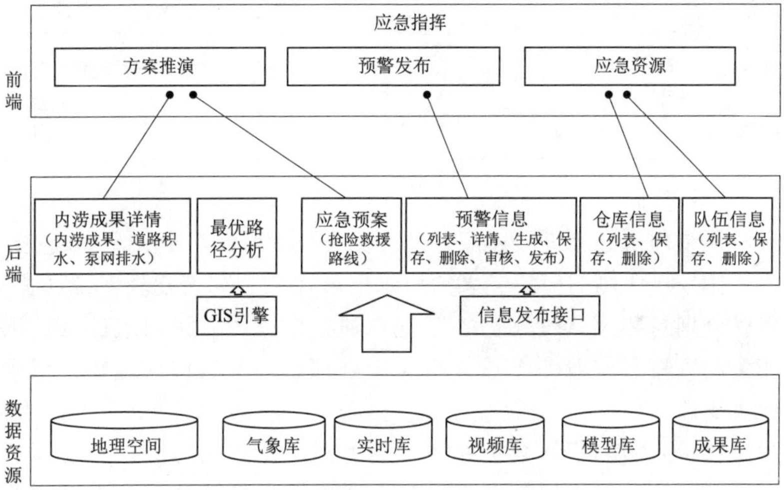

图 6.16 应急指挥逻辑结构

表 6.6 API（预警成功）输入输出统计表

API	输 入	输 出
内涝成果详情	成果编号	对应降雨分布图、淹没水深分布图、泵网排水能力图
预警信息列表	类型、关键字 时间	发布日期、发布类型（短信/简报）、 内容描述、审核人、状态
预警信息详情	信息编号	信息内容、接收人、审核人、发布人、发布时间

续表

API	输　　入	输　　出
预警信息生成	时间、模板编号	信息内容、发布人、发布时间
预警信息保存	信息内容、接收人、审核人、发布人、发布时间	成功与否标识，失败需描述原因
预警信息删除	信息编号	成功与否标识，失败需描述原因
预警信息审核	信息编号、审核意见	成功与否标识，失败需描述原因
预警信息发布	信息编号、状态	成功与否标识，失败需描述原因
仓库信息列表	关键字	仓库编号、名称、面积、联系人、电话、传真、经纬度
仓库信息保存	仓库编号、名称、面积、联系人、电话、传真、经纬度	成功与否标识，失败需描述原因
仓库信息删除	仓库编号	成功与否标识，失败需描述原因
队伍信息列表	关键字	队伍编号、名称、人数、负责人、电话、主要装备、经纬度
队伍信息保存	队伍编号、名称、人数、负责人、电话、主要装备、经纬度	成功与否标识，失败需描述原因
队伍信息删除	队伍编号	成功与否标识，失败需描述原因

6.2.6.6 灾后评估

对实际城市内涝过程进行还原，统计受灾范围及经济损失，完成灾后评估。

灾害后比较（实测与模拟成果的积水区域比较、列表比较、统计比较）、积水记录保存分别封装为API运行在后端，通过数据统一访问组件从数据库资源层获取相关的数据，按业务特点进行加工处理后，为灾情后比较、积水记录上传提供业务支撑。

该模块可接入实测积水数据、人员热力图、交通热力图，对实际城市内涝过程进行还原，统计受灾范围及经济损失，完成灾后评估。灾害评估逻辑结构和API（灾情记录）输入输出统计见图6.17和表6.7。

表6.7　　API（灾情记录）输入输出统计表

API	输　　入	输　　出
灾情后比较	内涝成果（已发布）编号	积水区域（实测、模拟）积水列表（实测/模拟积水路段、水深）积水统计（实测/模拟不同地区积水点数）
积水记录保存	积水点名称、编号积水深度、历时影响道路、设施等现场照片	成功与否标识，若失败描述原因

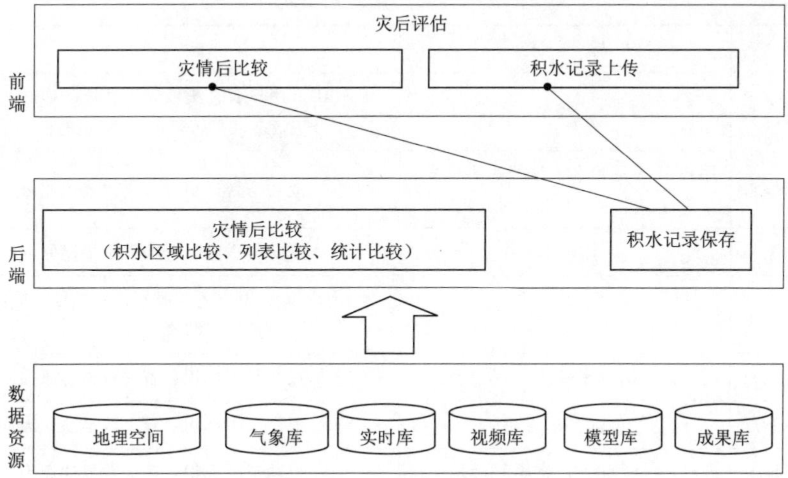

图 6.17　灾害评估逻辑结构

6.2.6.7　系统管理

系统管理模块提供用户管理、权限管理系统服务。

用户信息（列表、删除、详情）、用户角色（授权、新增）、用户验证等分别封装为 API 运行在后端，通过数据统一访问组件从数据库资源层获取相关的数据，按业务特点进行加工处理后，为用户管理、授权管理、系统登录提供业务支撑。系统管理逻辑结构和 API（用户信息）输入输出统计见图 6.18 和表 6.8。

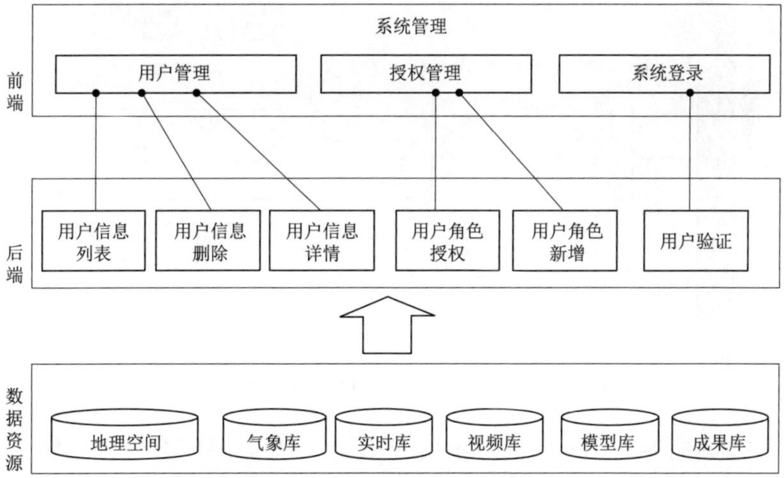

图 6.18　系统管理逻辑结构

该模块主要服务于系统管理员，用于为系统用户管理、授权管理、系统登录等。

表 6.8　　API（用户信息）输入输出统计表

API	输　入	输　出
用户信息列表	关键字	用户 ID、用户名、账号、手机号、单位、角色、状态（是否可用）、注册时间
用户信息编辑	用户 ID、用户名、账号、手机号、单位、角色、状态、注册时间	成功与否标识，若失败描述原因
用户信息删除	用户 ID	成功与否标识，若失败描述原因
用户信息详情	用户 ID	用户 ID、用户名、账号、手机号、单位、角色、状态、注册时间
用户角色授权	角色 ID、授权栏目 ID 序列	成功与否标识，若失败描述原因
用户角色新增	角色 ID、名称	成功与否标识，若失败描述原因
用户验证	账号、密码	成功与否标识，若失败描述原因

6.3　系　统　应　用

河北石家庄城市内涝灾害监测预警系统实现了石家庄的水雨情监视告警、内涝模拟、风险评估、应急指挥以及灾后评估等业务的一体化管理。系统模块逻辑如图 6.19 所示。

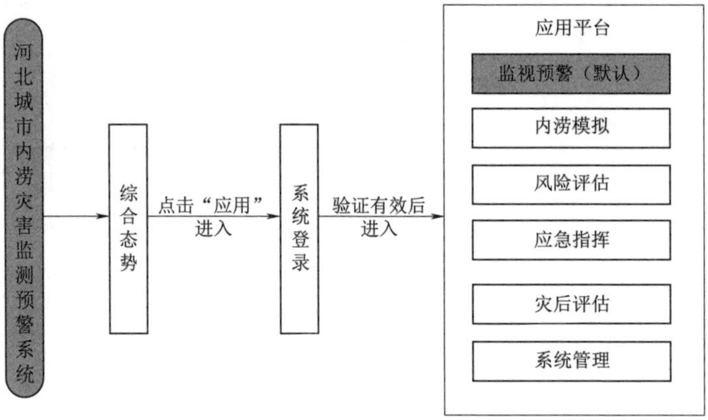

图 6.19　系统模块逻辑

打开 IE 浏览器，在地址栏里输入 URL 地址后，系统默认进入综合态势模块，单击综合态势页面的“应用”按钮进入系统登录页面，输入用户名、密码验证通过后进入应用平台（默认监视预警模块），可以对监视预警、内涝模拟等其他模块进行操作（表 6.9）。

表 6.9 业务系统功能清单

系统名称	河北石家庄城市内涝灾害监测预警系统
功能项	功能描述
综合态势	基于气象信息（雷达、云图、降水）、积水监测信息、洪涝风险预测信息、视频监控信息，综合感知石家庄市洪水防御态势，辅助用户分析预判采取应急抢险措施必要性及抢险时机
监视预警	基于GIS底图可视化显示建设区域降雨、积水、风险实时及预测情况，动态掌握发展趋势
内涝模拟	植入城市综合洪涝模拟模型，提供交互式页面分析计算城市内涝淹没范围和水深分布，动态模拟内涝（积水）变化过程，支持作业模拟、成果管理（查询、修改、删除、发布）、成果可视化等功能。支持对典型年雨水、实时雨水、预报雨水数据进行内涝模拟
风险评估	植入城市内涝风险评估模型，结合内涝模拟成果，进行城市风险评估和区划。支持风险评估、成果管理（存储、详情）、成果可视化等功能
应急指挥	提供预警发布、方案推演、应急资源等功能模块，为防汛决策提供技术支撑
灾后评估	对实际城市内涝过程进行还原，统计受灾范围及经济损失，完成灾后评估
系统管理	提供用户管理、权限管理系统服务

6.3.1 综合态势

输入系统 URL 地址后，系统默认进入综合态势模块。该模块基于气象信息（雷达、云图、降水）、积水监测信息、洪涝风险预测信息、视频监控信息，综合感知石家庄市洪水防御态势，辅助用户分析预判采取应急抢险措施必要性及抢险时机。

该模块以地图、图表以及视频的形式综合展示了近 24h 降雨分布情况、积水监测统计、城市洪水风险区域分布、积水路段以及重要路段的监控视频，用户无需任何业务操作，即可快速掌握城市内涝灾害的动态变化情况。

1. 降雨信息

基于地图、24h 实测降雨生成降雨等值面，直观查看各级降雨覆盖区域。

2. 积水统计

统计当前时间各城区发生积水点的个数，分析积水深度分布情况，结果以分析图形式展现。饼状图显示不同积水深度的积水点数，柱状图则标识不同城区的积水点数。

3. 视频监控

接入关注视频站视频流，实时查看现场情况。

4. 内涝风险一张图

动态展示最新发布（小于当前时间 1d）后实时内涝模拟及风险评估成果，包括洪水风险区划和积水预测列表。

（1）洪水风险区划。一张图显示可能发生内涝的区域/路段，以不同颜色区分风险等级（高、中、低）。默认情况下显示范围覆盖整个石家庄主城区，并突出标识各区域积水点个数。鼠标单击一张图放大后，隐藏各区域积水点个数，并以不同颜色区分显示可能发生内涝的区域及水深范围。

（2）积水预测列表。列表显示积水点名称、最大水深、淹没历时等信息，若积水点个数超出显示区域，则自动实现上滚动局部翻屏。

6.3.2 监视告警

单击综合态势模块的“应用”按钮后，进入登录界面。输入账号、密码验证通过后默认进入监视告警模块。该模块基于 GIS 底图可视化显示建设区域降雨、积水、风险实时及预测情况，动态掌握发展趋势。

监视告警功能模块包括降雨信息、内涝信息、风险信息三个功能。

6.3.2.1 降雨信息

单击页面下方“降雨”进入降雨信息专题。该专题可显示当前及未来一段时间的降雨分布图、点降雨列表、点降雨统计信息。

1. 降雨分布图

基于 GIS 底图展示建设区域内当日降雨量，未来 1h、3h、6h、24h、36h、72h 降雨等值面，可单击页面下方时间轴（图 6.20）左侧的播放按钮进行动态轮播，也可以单击时间轴上时间切换显示对应的降雨分布图。

图 6.20　时间轴

降雨分布图基于图例上雨量等级划分原则渲染着色，用户通过该等值面可以直观了解不同时间降雨落区变化情况。

在地图区域左下角有隐藏图例。若用户需要显示图例，则以鼠标左键单击地图区域左下角的图例图标，单击后图例显示。

2. 点降雨列表

列表显示雨量站名、雨量、级别（根据今日雨量分析雨量等级，并以对应颜色突出显示）、未来 24h 降雨量信息。页面显示如图 6.21 所示。

列表按照降雨量从大到小倒序排列，单击雨量站名，可在地图上快速定位。

3. 点降雨统计

统计不同等级降雨的站点个数，提取最大降雨站点及降雨量数据，返回前端页面结果显示如图 6.22 所示。

4. 面雨量统计

柱状图展示内涝模拟区域面平均雨量过程信息，如图 6.23 所示。

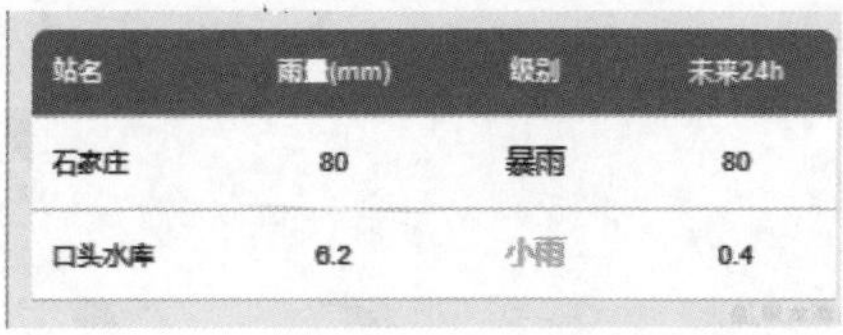

图 6.21　降雨列表显示页面

图 6.22　降雨统计图

6.3.2.2　内涝信息

单击页面下方“积水”进入降雨信息专题。该专题可实时显示未来一段时间可能产生积水的淹没水深分布图、积水水情列表信息。

1. 积水淹没水深分布图

基于 GIS 底图显示未来一段时间内涝淹没区域及水深分布，可通过时间轴动态查看积水区域变化形势。可单击页面下方时间轴（图 6.24）上时间切换显示对应的积水淹没水深分布图。可滚动鼠标中轮放大地图，查看具体淹没区域周边情况。

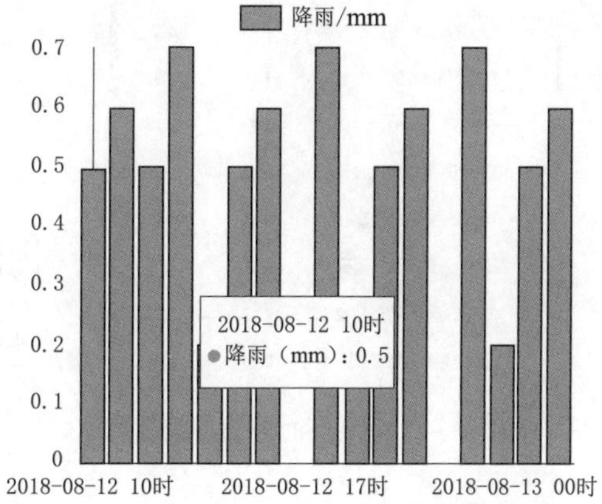

图 6.23　雨量统计柱状图

图 6.24　时间轴

在地图区域左下角有隐藏图例。若用户需要显示图例，则以鼠标左键单击地图区域左下角的图例图标，单击后图例显示，如图 6.25 所示。

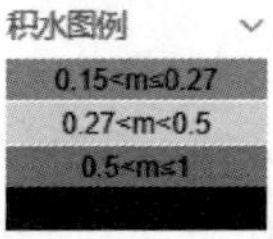

图 6.25　积水图例

2. 积水水情列表

列表显示积水路段名称、水深、持续时间等，如图 6.26 所示。

单击列表中“积水路段名称”，可在 GIS 地图上快速定位，居中放大查看该路段积水范围及周边情况。

3. 河道洪水信息

突出显示滹沱河、南泄洪渠、洨河等河道（图 6.27）预测的最大洪峰流量、洪水频率。

6.3.2.3　风险信息

单击页面下方“风险”进入风险信息专题。该专题可实时显示未来一段时间可能发生的内涝风险图、风险列表、风险统计信息。

路段名称	水深(m)	持续时间(min)
∨ 新华区(20)		
高东街与高柱路交叉路口	0.39	460
电大街特色酱大骨门前	1.09	415
西三庄街天苑小区-G区…	0.11	345
电大街得一庄对面	0.8	420
北城路与泰华街交叉路口	0.33	450
和平西路地道桥	0.12	70
和平西路地道桥	0.07	440
和平西路湘蓝便利店门前	0.45	450
植物园街和平西路至永…	0.45	445
建西北街和平西路至石…	1.37	435
农机街鑫汇行雪糕东12…	1.42	510
北新街与柏林南路交叉…	0.34	520

图 6.26 积水水情列表页面

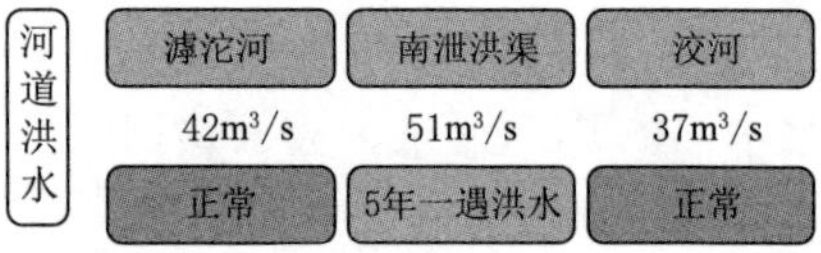

图 6.27 河道洪水信息页面

1. 内涝风险图

基于 GIS 底图实时展示内涝风险区划（高风险、中风险、低风险区域分别以不同颜色区分）。可滚动鼠标中轮放大地图，查看具体风险区域周边情况。

2. 风险列表

列表显示积水路段名称、积水深度、级别等信息。积水水情列表页面如图 6.28 所示。

路段名称	积水深度(m)	级别
∨ 新华区(20)		
高东街与高柱路交叉…	0.39	高风险
电大街特色酱大骨门前	1.09	中风险
西三庄街天苑小区-G…	0.11	低风险
电大街得一庄对面	0.8	低风险
北城路与泰华街交叉…	0.33	低风险
和平西路地道桥	0.12	低风险
和平西路地道桥	0.07	低风险
和平西路湘蓝便利店…	0.45	高风险
植物园街和平西路至…	0.45	高风险
建西北街和平西路至…	1.37	高风险

图 6.28 积水水情列表页面

单击列表中路段名称，可在 GIS 地图上快速定位，居中放大查看该路段内涝风险等级及周边情况。

3. 风险统计

统计不同风险级别下的积水路段数，并以饼状图形式展现，如图 6.29 所示。

6.3.2.4 GIS 操作

单击 GIS 区域左侧菜单上按钮，在弹出的子菜单中选中“热力图”后，GIS 地图上自动叠加基于人员手机信号生成的热力图图层及热力图图例，方便用户快速捕捉风险区域范围内人员规模情况。

单击可放大 GIS 地图，单击可

缩小地图，单击则将放大/缩小过的底图重置于初始全图状态，单击则页面全屏显示。

单击可灵活切换默认的政区图为影像图、地形图。

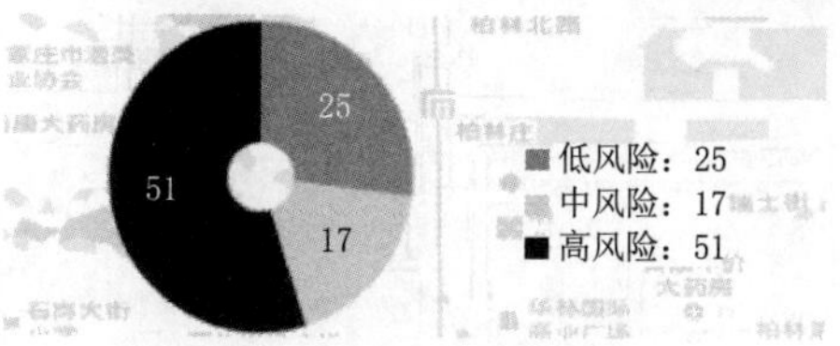

图 6.29　风险统计页面

6.3.3　内涝模拟

单击系统导航菜单上的“内涝模拟”进入内涝模拟模块，该模块植入城市综合洪涝模拟模型，提供交互式页面分析计算城市内涝淹没范围和水深分布，动态模拟内涝（积水）变化过程，支持作业模拟、成果管理（查询、修改、删除、发布）、成果可视化等功能。

具体包括内涝可视化（默认进入）、内涝计算、成果管理三个子模块。

6.3.3.1　内涝可视化

单击左侧菜单“内涝可视化”进入，该模块可在地图上显示并播放选中典型年雨水、实时雨水数据的内涝模拟成果。内涝模拟成果以 GIS 地图、数据列表直观呈现。可单击时间轴快速查看某时刻积水区域。其中，数据列表显示了积水路段名称、水深、持续时间等信息，如图 6.30 所示。

积水点列表

路段名称	水深(m)	持续时间(mi
新华区(20)		
高东街与高柱路交叉路口	0.39	460
电大街特色酱大骨门前	1.09	415
西三庄街天苑小区-G区8号楼西侧路段	0.11	345
电大街得一庄对面	0.8	420
北城路与泰华街交叉路口	0.33	450
和平西路地道桥	0.12	70
和平西路地道桥	0.07	440
和平西路湘蓝便利店门前	0.45	450

图 6.30　积水路段列表

单击“积水路段名称”可在 GIS 上快速定位，居中放大到指定路段方便用户查看积水范围及周边情况。

下拉类型选择“典型模拟/内涝模拟”后，名称下拉框自动对应显示已有典型雨水/实时雨水模拟成果，选中某成果后，GIS 地图、数据列表刷新显示该成

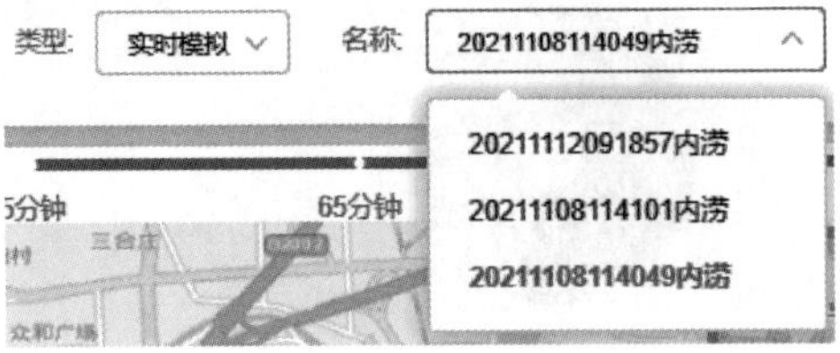

图 6.31　典型模拟成果

果积水分布图、积水列表等信息，如图 6.31 所示。

6.3.3.2　内涝计算

单击左侧菜单“内涝计算”进入，该模块提供交互式页面分析计算城市内涝淹没范围和水深分布情况。

首先在确定降雨来源（支持“实测降雨数据/雷达观测降雨/数值预报降雨”下拉选择），确定预报开始与结束日期（默认 24h）后，单击“查询”按钮，如图 6.32 所示。

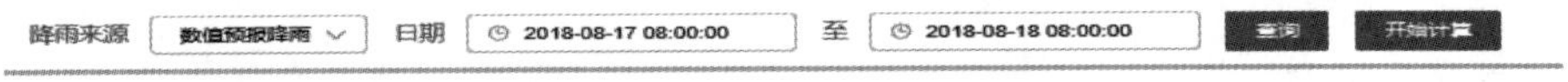

图 6.32　“查询”按钮

返回的查询结果（预报期内逐时段降雨过程）在“边界条件”页签以数据列表及柱状图形式展现，用户可对不合理数据进行手动调整，如图 6.33 所示。

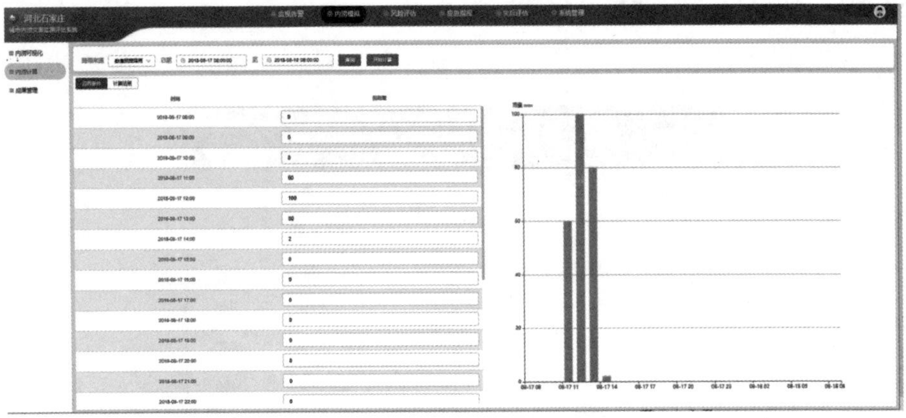

图 6.33　内涝计算（边界条件）

单击“开始计算”按钮，系统自动调用城市综合洪涝模拟模型计算输出设定场次降雨下的积水淹没水深分布、淹没历时分布情况，并以 GIS 地图、数据列表等形式进行可视化展现。单击时间轴上任意时间，可以查看该时间下的积水淹没分布情况。

单击页面右侧，展开数据列表，显示积水路段名称、水深、持续时间等信息，如图 6.34 所示。

图 6.34　数据列表

单击淹没水深分布/ 淹没历时分布/ 排水管网分布上的“淹没水深分布、淹没历时分布、排水管网分布”链接，可基于 GIS 地图切换查看积水淹没分布情况、淹没历时分布情况、排水管网分布情况。单击地图区域右上角的按钮，可将 GIS 地图区域放大至全屏展示。再次单击则回到原始状态。

6.3.3.3　成果管理

单击左侧菜单“成果管理”进入，该模块可对未发布的内涝模拟计算成果进行管理，支持查询、删除、发布、详情查看操作，如图 6.35 所示。

图 6.35　成果管理

选择类型（预估模拟、实时模拟、典型模拟），确定查询起止日期，单击“查询”按钮，如图 6.36 所示。

图 6.36 “查询”页面

符合条件的查询结果以数据列表形式展现，内容包括成果名称、模拟类型、计算步长、计算时间、发布状态等信息，如图 6.37 所示。

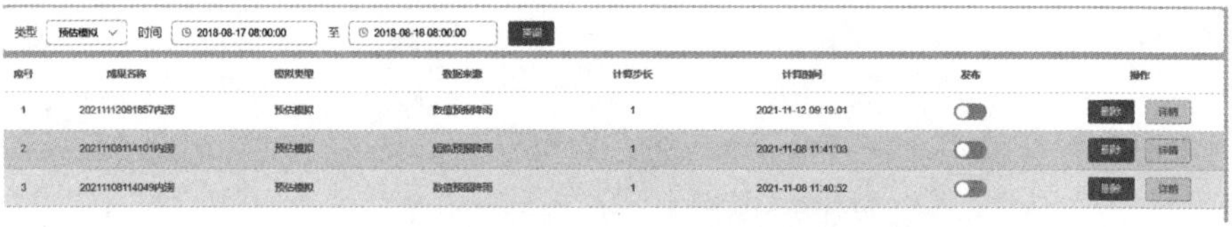

图 6.37 数据列表

单击 详情 ，基于 GIS 地图、数据列表可视化展示选中内涝模拟成果。

单击 删除 ，则从数据库相关表记录中彻底删除该内涝模拟成果。

拖动 ，则可以发布/取消发布该内涝模拟成果，（发布状态： 已发布、 未发布），发布后成果才可以在综合态势、监视告警模块查看。

6.3.4 风险评估

单击系统导航菜单上的“风险评估”进入风险评估模块，该模块植入城市内涝风险评估模型，结合内涝模拟成果，进行城市风险评估和区划。支持内涝风险评估、成果可视化等功能。

1. 内涝风险评估

系统自动结合降雨数据、内涝模拟数据，进行城市风险评估和区划，输出城市内涝低风险区、中风险区、较高风险区、高风险区所在位置，生成城市内涝灾害综合风险区划图。

2. 成果可视化

选择内涝模拟成果，系统采用 GIS 分布图、数据列表等形式综合展现该内涝模拟成果下的内涝风险区域信息。其中数据列表可通过列表一侧的按钮进行隐藏/显示控制。滚动鼠标中轮可以放大/缩小地图。单击数据列表的“路段名称”，可以快速定位并放大至选定风险路段，查看风险范围及周边情况。

在“类型”中选择“因子”，可查看“（承灾体）脆弱性区划图、（孕灾环境）敏感性区划图、（致灾因子）危险性区划图、防灾能力区划图”。单击各类

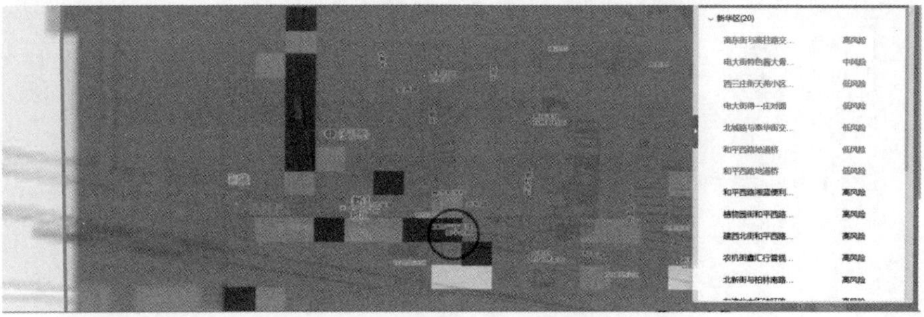

图 6.38 风险评估（定位）

风险因子区划图右上角的按钮，可将该区划图放大至全屏显示。再次单击则可还原至原始状态显示。

6.3.5 应急指挥

单击系统导航菜单上的“应急指挥”进入应急指挥模块，该模块提供方案推演、预警发布、预警信息管理、应急资源等业务应用，可为防汛决策提供技术支撑。

6.3.5.1 方案推演

单击左侧菜单“方案推演”进入，该模块可按照事件发生、发展顺序从城区降雨、泵网排水、路段积水、应急指挥等场景推演“降雨—积水—应急”过程信息，支撑应急预案快速拟定。

选择年份、内涝模拟成果，单击“查询”按钮，系统自动输出该成果对应的降雨场景、泵网排水场景、路段积水场景，以及应急方案生成场景。单击“降雨”“泵网排水”“道路积水”“应急方案”等可灵活进行场景切换。

在“应急方案”页签，放大地图，找到内涝风险路段并用鼠标单击，系统则根据路网分析算法以及物质仓库分布位置、救援队分布位置，快速找到离该风险路段最近的物资仓库及救援队，绘制救援路线，浮框显示救援队/物资仓库名称、联系人及电话，以及救援路线全程距离、预计时间等信息。

6.3.5.2 预警发布

单击左侧菜单≡ 预警发布进入，该模块集成短信发布接口（如电信运营商提供的短信机服务），及时将预警信息推送给相关人员，提醒其关注并防范内涝风险。

具体包括预警信息编辑、草稿箱、待审核、已发送、已接收等子应用，单击左侧菜单可切换。各子应用间逻辑关系如图 6.39 所示。

1. 预警信息编辑

选择预警类型（暴雨提醒、风险提醒），确定依据时间，单击 生成短信模板 按钮，按预置模板生成的短信内容在信息内容输入框中显示。用户可对该内容

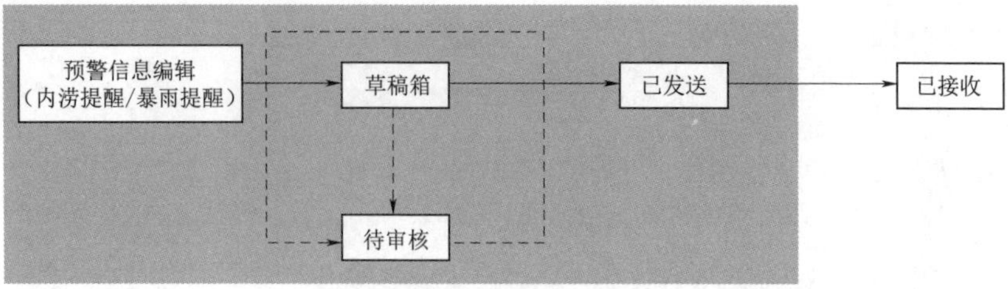

图 6.39 各子应用间逻辑关系

进行编辑：

在右侧通讯录中单击“短信接收人员”后，选中人员，接收人员输入框中则会显示人名。

若需要审核，点选 ☑ 是，并确定审核人员、审核方式（线上审核）。

单击 存草稿 按钮，短信信息存储至“草稿箱”。

单击 保存并提交审核 按钮，短信信息提交指定审核人员进行审核，审核人员可在“待审核”模块接收到该信息。

单击 发送 按钮，系统调用信息发布接口发送给指定接收人员，接收人员除了可用手机可以接收到该短信外，还可以在该平台的“已接收”模块查看到该信息。

此外，可在通讯录上方输入框中人工输入姓名关键字（如张），通讯录则可以快速过滤出符合条件的人员供用户选择，如图 6.40 所示。

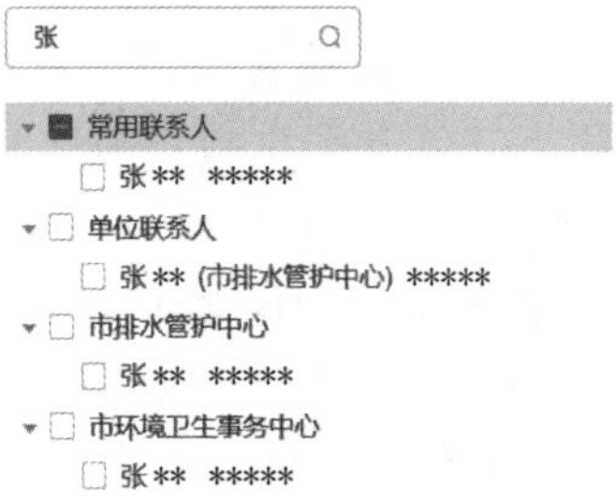

图 6.40 预警信息编辑（姓名关键字）

2. 草稿箱

列表显示短信（草稿），内容包括发布日期、发布类型、内容描述、状态等信息，如图 6.41 所示。

可输入关键字、开始结束时间，单击 查询 按钮快速过滤出符合条件的短信（草稿）。

单击 修改 按钮，弹开预警信息编辑窗口，用户可在该窗口调整信息内容、接收人员等信息后，单击 确定 按钮进行修改信息保存。

单击 删除 按钮，从数据库彻底删除该短信（草稿）。

单击 提交审核 按钮，将该短信提交审核人进行审核。

3. 待审核

列表显示需要登录用户进行审核的短信，内容包括发布日期、发布类型、

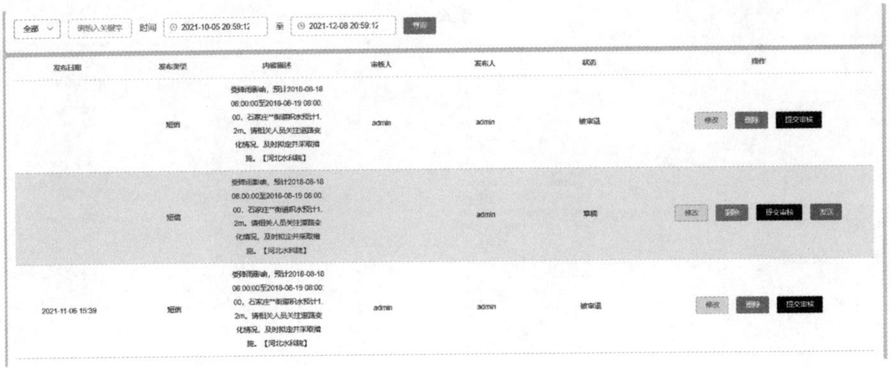

图 6.41　草稿箱

内容描述、发布人、状态等信息，如图 6.42 所示。

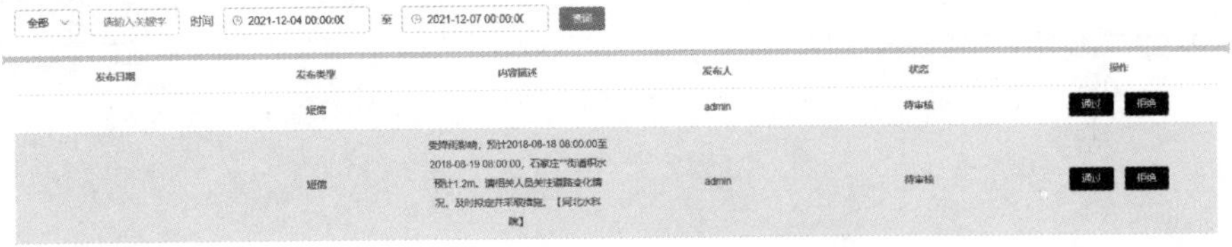

图 6.42　待审核

可输入关键字、开始结束时间，单击 查询 按钮快速过滤出符合条件的待审核短信。

单击 通过 按钮，系统调用信息发布接口将信息发送给指定接收人员。

单击 拒绝 按钮，该信息退回到“草稿”状态。

4. 已发送

列表显示已发送成功的短信，内容包括发布日期、发布类型、内容描述、审核人、发布人、状态等，如图 6.43 所示。

可输入关键字、开始结束时间，单击 查询 按钮快速过滤出符合条件的已发送短信。

5. 已接收

列表显示发送给登录用户的短信，内容包括发布日期、发布类型、内容描述、审核人、发布人等信息，如图 6.44 所示。

可输入关键字、开始结束时间，单击 查询 按钮快速过滤出符合条件的已接收短信。

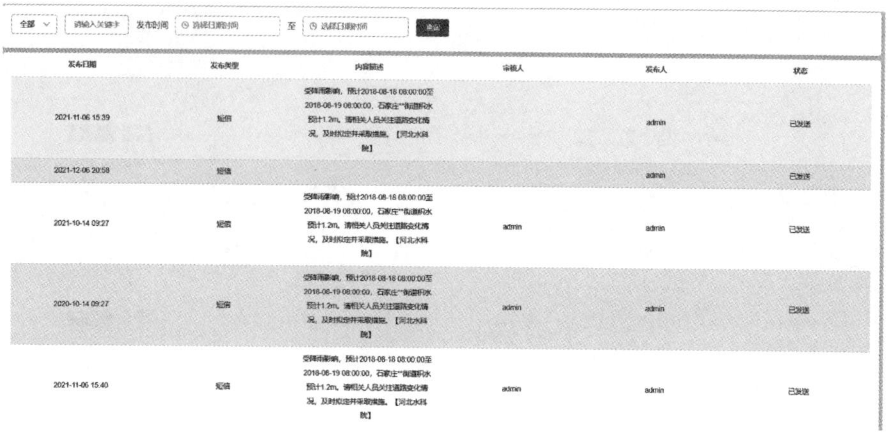

图 6.43　已发送

图 6.44　已接收

6.3.5.3　预警信息管理

单击左侧菜单 ☰ 预警信息管理 进入，该模块可统计指定时段预警短信发布情况，并对预警对象（短信接收人员）进行管理。

1. 发布情况分析

对短信发送情况进行各年度每月同比、各区域比较、年度短信累计占比，并对单位短信发送次数排行，如图 6.45 所示。

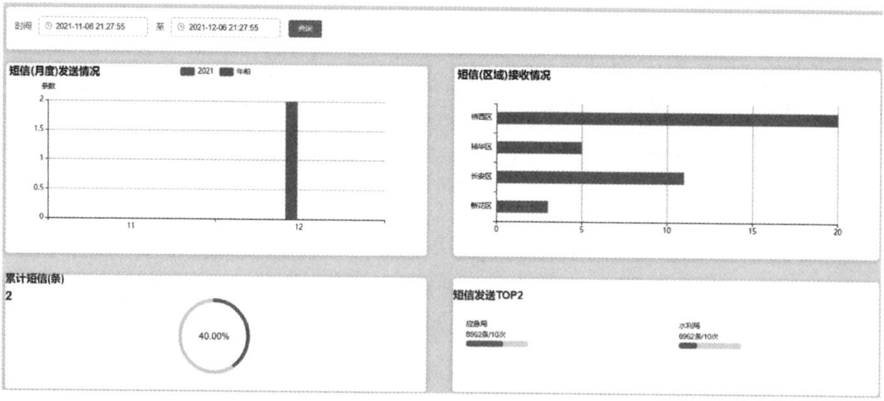

图 6.45　短信发布情况分析

可输入开始结束时间，单击 查询 按钮后，统计分析自定义时段的短信发送情况。

2. 预警对象管理

该模块可对预警对象进行查询、修改、删除等操作。单击左侧菜单 预警对象管理 后，进入预警对象管理列表页面，列表内容包括姓名、手机号、单位、是否是责任人等信息，如图 6.46 所示。

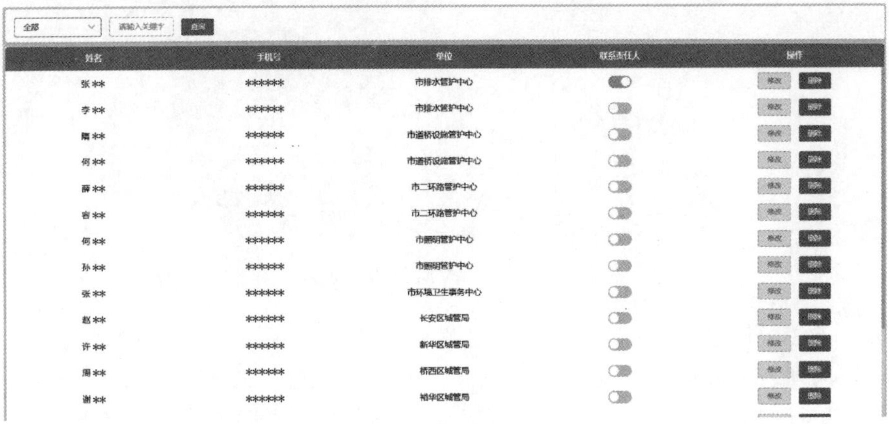

图 6.46 预警对象管理

可选择单位、输入用户名，单击 查询 按钮后，快速过滤出符合条件的预警对象并显示在数据列表中。

单击 修改 按钮，弹开窗口供用户修改该预警对象姓名、手机号、单位等信息后，单击“确定”按钮后存储入库。单击 删除 按钮，从数据库中彻底删除该预警对象。

6.3.5.4 应急资源

单击左侧菜单 应急资源 进入，该模块基于 GIS 地图、数据列表形式展现了物资仓库、救援队等应急资源分布情况。

1. 应急资源分布图

基于 GIS 地图显示物资仓库、救援队分布位置。

在地图上任意位置单击鼠标，则弹开物资仓库/救援队伍添加窗口。弹开窗口如图 6.47 所示。

用户在“仓库/队伍添加窗口”输入相关信息后，单击“保存”按钮，则该信息存储入库，并可在 GIS 地图、数据列表上刷新显示出来。

2. 应急资源列表

以数据列表显示物资仓库信息，内容包括仓库名称、联系人、电话、主要

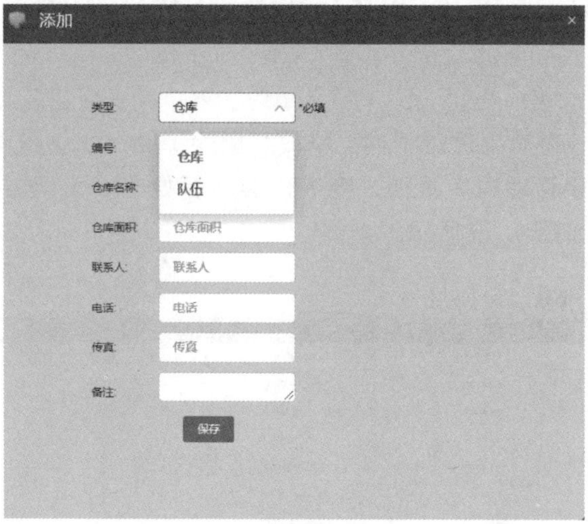

图 6.47 仓库/队伍添加窗口

装备、备注等信息。可在列表上方输入关键字单击“查询”进行过滤。

拖动列表下方横向滚动条，可看到“修改、删除”按钮。单击“修改”按钮，记录行变为可编辑状态，用户可以调整仓库名称、联系人、电话等信息后，单击“保存”按钮存储入库。单击“删除”按钮，则将该仓库信息从数据库中彻底删除。物资仓库信息如图 6.48 所示。

以数据列表显示救援队伍信息，内容包括队伍名称、人数、负责人、电话、主要装备等信息。可在列表上方输入关键字单击“查询”进行过滤。

拖动列表下方横向滚动条，可看到“修改、删除”按钮。单击“修改”按钮，记录行变为可编辑状态，用户可以调整队伍名称、人数、负责人、电话等信息后，单击“保存”按钮存储入库。单击“删除”按钮，则将该救援队伍信息从数据库中彻底删除。救援队伍信息如图 6.49 所示。

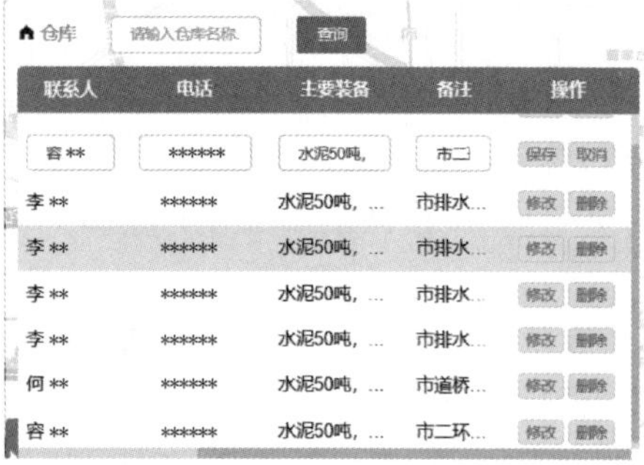

图 6.48 物资仓库信息

图 6.49 救援队伍信息

6.3.6 灾后评估

单击系统导航菜单上的“灾害评估”进入灾后评估模块，该模块可接入实测积水数据、人员热力图、交通热力图，对实际城市内涝过程进行还原，统计受灾范围及经济损失，完成灾后评估。

1. GIS 对比

在 GIS 底图上叠加选定内涝模拟成果输出的内涝积水分布图，同时叠加积水点对应时间的监测数据，并按照图例积水分析颜色进行渲染，直观分析模拟与实际的内网位置、积水深度等差异。

2. 列表对比

列表显示对应场次降雨的内涝模拟成果下积水路段模拟积水深度、实测积水深度对比信息，如图 6.50 所示。

积水点名称	模拟积水深度m/历时min	实测积水深度m/历时min	影响人口	影响车辆	影响重要设施
∨ 新华区(20)					
高东街与高柱路交叉路口	0.39/460	0.35/345	33	8	1
电大街特色酱大骨门前	1.09/415	0.59/311	36	23	5
西三庄街天苑小区-G区8号楼西侧路段	0.11/345	0.04/259	2	2	8
电大街得一庄对面	0.80/420	0.77/315	24	4	10
北城路与泰华街交叉路口	0.33/450	0.24/338	4	24	4
和平西路地道桥	0.12/70	0.07/53	17	27	3
和平西路地道桥	0.07/440		41	20	0
和平西路湘蓝便利店门前	0.45/450	0.39/338	31	4	2
植物园街和平西路至永安路段	0.45/445	0.42/334	12	24	2

图 6.50 列表对比

3. 统计对比

统计对应场次降雨的内涝模拟成果下不同街区积水路段数量，并与实测积水街区数量进行对比，如图 6.51 所示。

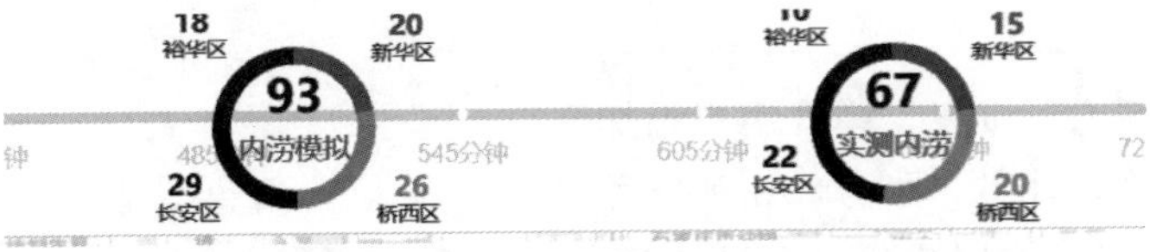

图 6.51 统计对比

4. 损失查看

列表查看各积水路段影响人口、车辆、重要设施等信息，如图 6.52 所示。

积水点名称	模拟积水深度m/历时min	实测积水深度m/历时min	影响人口	影响车辆	影响重要设施
∨ 新华区(20)					
高东街与高柱路交叉路口	0.39/460	0.35/345	33	8	1
电大街特色酱大骨门前	1.09/415	0.59/311	36	23	5
西三庄街天苑小区-G区8号楼西侧路段	0.11/345	0.04/259	2	2	8

图 6.52　损失查看

6.3.7　系统管理

单击系统导航菜单上的“系统管理”进入系统管理模块，该模块主要服务于系统管理员，用于为系统设置用户，分配权限、设置告警规则等。

6.3.7.1　用户信息管理

单击左侧菜单☰ **用户信息管理** 进入，该模块可管理用户信息，授予用户相应角色（图 6.53）。

具体包括查询、新增、修改、删除等功能。

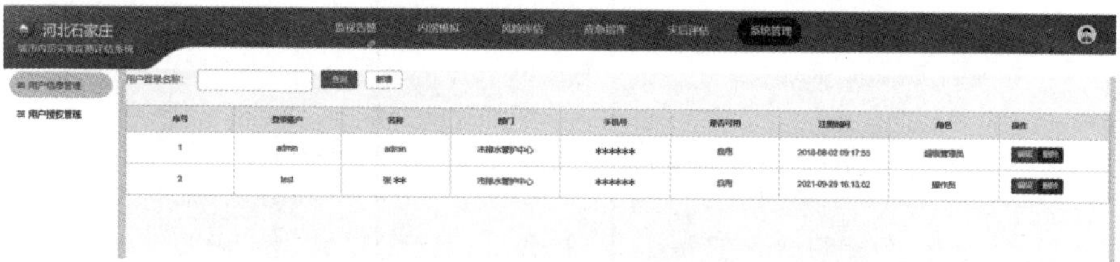

图 6.53　用户信息管理

1. 查询

输入用户名称关键字（默认为空），单击“查询”按钮，列表显示符合条件的用户信息，内容包括账号、姓名、部门、手机号、是否可用、注册时间、角色等信息。

2. 新增

单击“新增”按钮，弹开用户添加窗口。

管理员输入姓名、账号、密码、手机号、单位、角色等必填信息后，单击“保存”按钮将新增用户信息存储入库（图 6.54）。同时关闭该添加窗口，刷新数据列表。

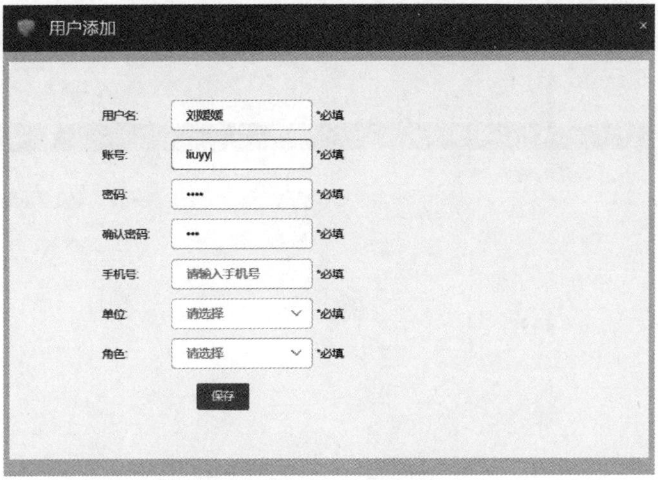

图 6.54　用户添加窗口

3. 修改

单击“修改”按钮，弹开用户编辑窗口，管理员根据情况修改姓名、账号、密码、手机号、单位、角色等后，单击“保存”按钮将修改的用户信息更新存储入库。同时关闭该添加窗口，刷新数据列表。

4. 删除

系统管理员可以删除用户信息，在用户列表中勾选要删除的用户，单击页面上方的“删除”按钮，弹出删除确认对话框，如图 6.55 所示。

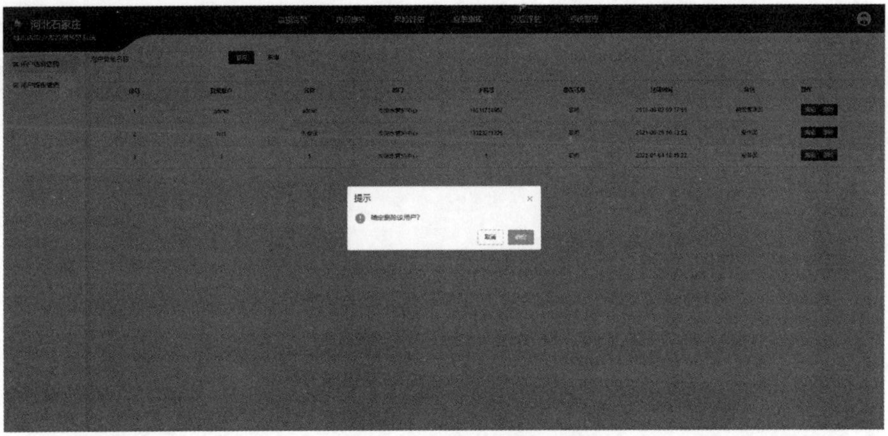

图 6.55　用户删除提示

若系统管理员单击“确定”，则从用户列表里删除该用户。

6.3.7.2　用户授权管理

单击左侧菜单≡ 用户授权管理 进入，该模块可管理角色，对角色进行权限控制，如图 6.56 所示。

图 6.56　用户授权管理

1. 权限列表

切换权限名称（如业务员、管理员），权限列表刷新显示对应角色在各功能模块的授权情况，包括功能编号、功能名称、授权状态。

2. 角色授权

点击权限列表中是否授权的复选框进行授权（复选框勾选授权，未勾选则未授权）后，单击“保存”按钮，则授权信息存储入库。

3. 新增角色

单击 + 新增角色 按钮，弹开添加角色窗口，输入角色名称后，单击“确定”按钮，新增角色存储入库，如图 6.57 所示。

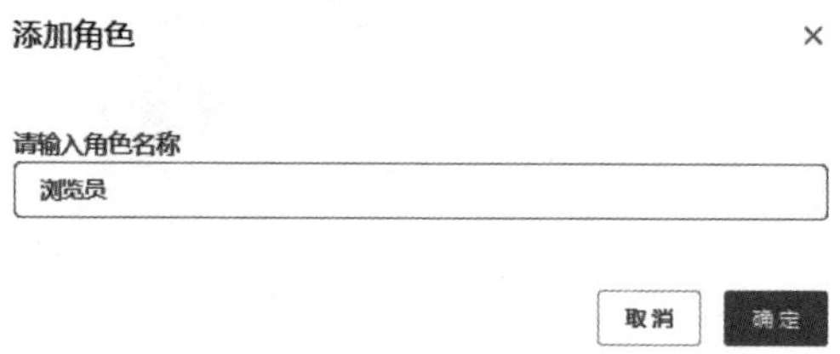

图 6.57　添加角色

同时权限列表刷新至新增角色下，用户在该页面进行授权，并单击 保存 按钮后，角色添加完成，如图 6.58 所示。

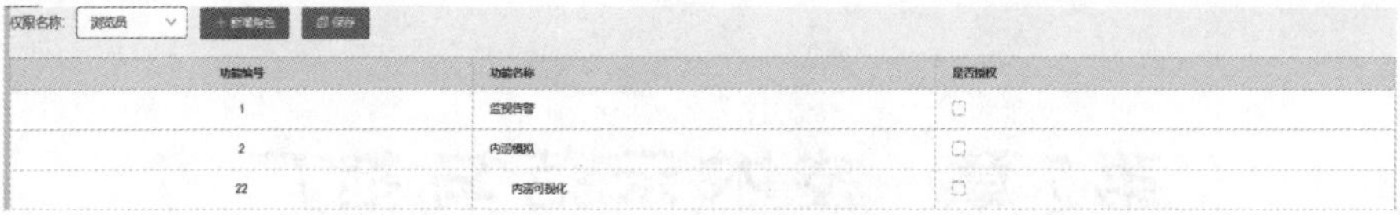

图 6.58　权限列表添加角色

6.4　本　章　小　结

以本书提出的多要素立体监测采集技术、多空间尺度的综合洪涝模拟技术、多目标动态风险评估技术三项关键技术为基础，构建多功能集成式城市内涝灾害综合实时监测预警系统。提出基于 SWMM、WebGIS 与多源数据监测耦合的内涝预警平台开发技术，通过推求多历时、多重现期的暴雨情景并调用 SWMM Engine 动态链接库中的 API 函数进行模拟，构建“降雨-内涝”模拟情景库；通过融合多源监测数据并耦合 SWMM 模型，提高模型精度；基于 WebGIS 和 Mysql 二次开发技术，调用 ArcEngineAPI 接口与 MysqlDataClient 接口，将模型与监测数据统一集成于系统平台，实现事前综合灾害态势分析与内涝模拟预报，事中监测预警、风险评估与应急调度指挥，事后灾害评估与恢复，形成了面向防汛业务需求的多功能、全流程内涝预警集成技术。

第7章 技术示范与推广

7.1 石家庄市

1. 项目区概况

选取石家庄市主城区作为示范区，研究区东面以新元高速为界，西面以西三环路—太平河为界，北面以太平河—北二环东路为界，南面以南三环路为界，总面积为 223.49km^2。

2. 内涝预报预警技术

基于《石家庄市城区暴雨强度公式技术报告》中的单一重现期暴雨强度公式，采用芝加哥雨型法推求设计降雨情景库，情景库中的降雨历时包括 30min、60min、120min、180min、360min、720min、1440min，降雨重现期包括 1 年、2 年、3 年、5 年、10 年、20 年、30 年、50 年一遇的场次降雨，共 56 个设计降雨过程。将情景库中的降雨过程逐一输入内涝模拟模型计算输出不同内涝积水分布模拟结果，形成内涝积水模型库。

结合区域未来 2h 的降雨预报结果，与降雨情景库匹配，进而与内涝积水模拟库匹配，快速获得内涝积水淹没预报结果。

石家庄市 2022 年 8 月 8 日 4 时至 9 日 20 时，全市出现降雨天气，平均降雨量为 51.1mm，赞皇、元氏、井陉、井陉矿区、行唐、赵县、平山、鹿泉、灵寿和高邑的 152 个雨量站超过 50mm，赞皇、灵寿、平山、井陉和元氏的 38 个雨量站超过 100mm，赞皇院头降雨量最大，为 199.6mm，最大小时雨强为赞皇清河 64.4mm /h。长安区、桥西区、新华区、裕华区降雨量为 14.3～40.4mm，平均降雨量为 20.7mm，以桥西污水处理厂最大。

根据降雨预报数据，通过降雨历时和降雨量在降雨情景库中匹配降雨历时为 1440min、重现期为 2 年一遇的降雨事件，并绘制内涝模型模拟结果与该场次降雨的实测积水点位，如图 7.1 所示。

通过匹配降雨的积水结果与实测积水点位的对比分析（表 7.1）可见，实测积水点位都位于积水范围之内，相对误差为 17.29%，小于 20%。该情景模拟结果中淹没面积 595.82hm^2，其中最大淹没水深超过 1m 的地表面积为 21.00hm^2，占比 0.10%（表 7.2）。

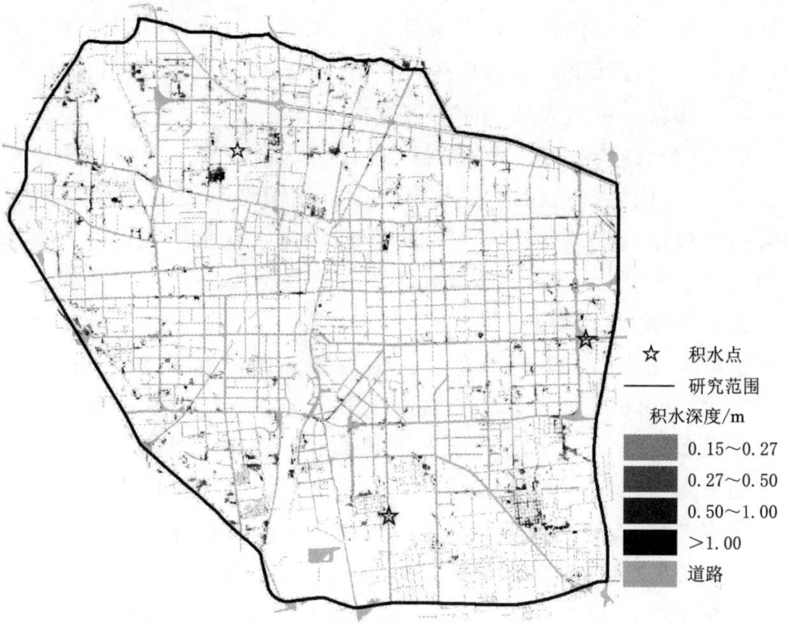

图 7.1 设计降雨模拟结果与 8 月 8 日降雨积水点位匹配结果图（T=1440min，P=2 年）

表 7.1 2022 年 8 月 8 日降雨积水模拟与实测对比

积水点位	模拟水深/m	实测水深/m	相对误差 RE/%
北城路泰华街口	0.53	0.45	17.78
槐安路东二环口	1.16	1.3	－10.77
建设南大街科大西门	0.74	0.6	23.33
平均误差			17.29

表 7.2 降雨最大水深（T=1440min，P=2 年）

最大水深/m	地表面积/hm^2	百分比/%
<0.15	21376.58	97.28
0.15～0.27	361.95	1.65
0.27～0.50	163.26	0.74
0.50～1.00	49.61	0.23
>1.00	21.00	0.10
总计	21972.40	100.00

3. 居民建筑类内涝灾害损失

针对城市内涝灾害问题的日趋严重，进行有效的经济损失评估是城市防灾减灾、降低损失的重要非工程措施。通过灾损评估可为应急部门防汛决策的制定提供依据，提高城市内涝灾害管理水平。本书应用城市内涝灾害监测预警应用系统，实现了次强降雨的应急指挥，提前告知相关人员，安排汽车绕行线路、储备抢险救灾物资，可大大减少内涝灾害损失。

(1) 居民建筑损失评估。本书居民建筑类财产核算主要包括室内财产（家用电器、主要家具、数码设备、娱乐器材、日用消费品等）、房屋结构（只考虑墙面损失和地板损失）。室内财产估价时在假设高收入水平人群会选择高档位的商品的前提下，参照中国家电网、万维家电网等网站以及中国市场调查研究中心零售监测数据库每月数据，将各类财产的价格区间划分为五类，然后根据不同价格水平的关注人数估计财产价格。前提条件是积水深度超过门槛高度，门槛高度通常为8cm，因此室内财产的淹水阈值为8cm。洪水浸泡会对墙面造成起皮、变色发黄等影响，受淹部分全部需要重新粉刷，因此墙面损失费即为重新粉刷墙面所需的费用，粉刷墙面费用包括涂料价格和粉刷人工费。石家庄市家庭通常会安装踢脚线，踢脚线高度一般为10cm，地板厚度约为4m，则墙面损失的受淹阈值为14cm。地板处于室内最低位置，室内进水就会受到浸泡，因此与淹没水深无关，只与淹没面积有关。地板的淹水阈值即为门槛高度8cm。利用中心城区水动力模型的模拟结果，选取城区积水灾害较为严重的地区进行内涝经济损失评估。评估区域管网和居民建筑分布如图7.2、图7.3所示。

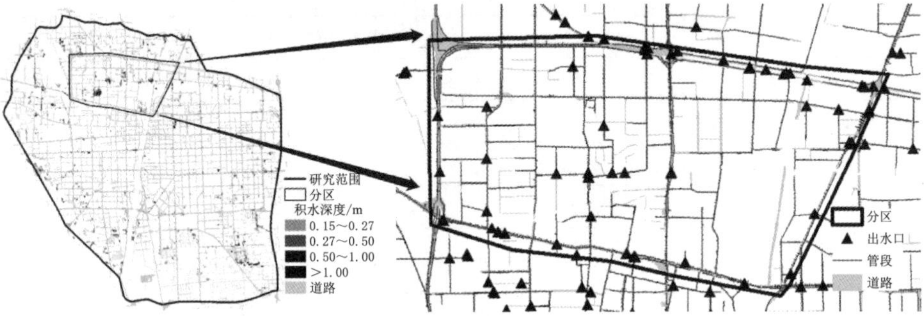

图7.2 评估区域管网分布图

将内涝模型情景模拟获取的淹没水深、面积等数据与建筑分布、室内财产受损情况相结合，基于ArcGIS统计分析，计算不同重现期下的内涝灾害损失值，如图7.4所示。并以5年、20年和50年一遇三个重现期为例，进行不同重现期下居住建筑内涝经济损失情况展示，如图7.5～图7.7所示。

如图7.4所示，1年一遇设计降雨情景下的损失较少，而从2年一遇设计降雨情景下损失出现猛增情况，这与石家庄市1年一遇的排水管网设计标准相符。根据不同重现期下内涝灾害总损失柱状图，可以看出随着降雨重现期的增大，

图 7.3 评估区域居民建筑分布图

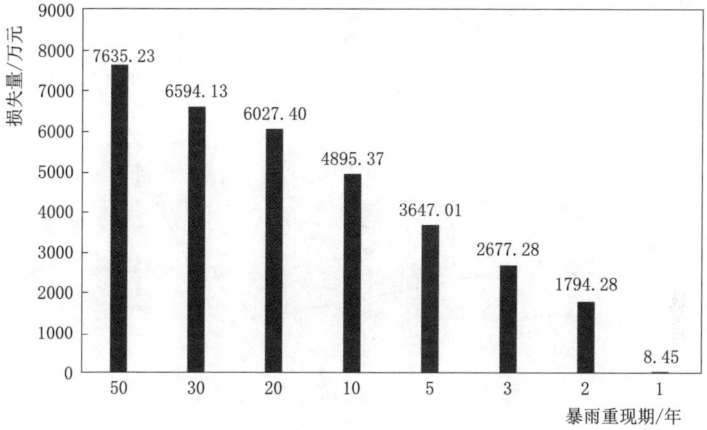

图 7.4 评估区域内涝经济损失

即设计暴雨强度的增强，内涝灾害越严重，经济损失越大。通过不同重现期下经济损失分布情况来看，随着重现期的增大，经济损失超过 5 万的建筑占比越来越高。

(2) 内涝改造方案。针对内涝灾害的管理，通常采用工程性改造措施和非工程性改造措施相结合的方式来降低内涝经济损失，两种方式的内容包括：①工程改造措施的应用。基于水动力模型的模拟分析，确定管网中的瓶颈管与排水能力不足的管段，通过加大管径和坡度的方式，提高管段的排水能力，减

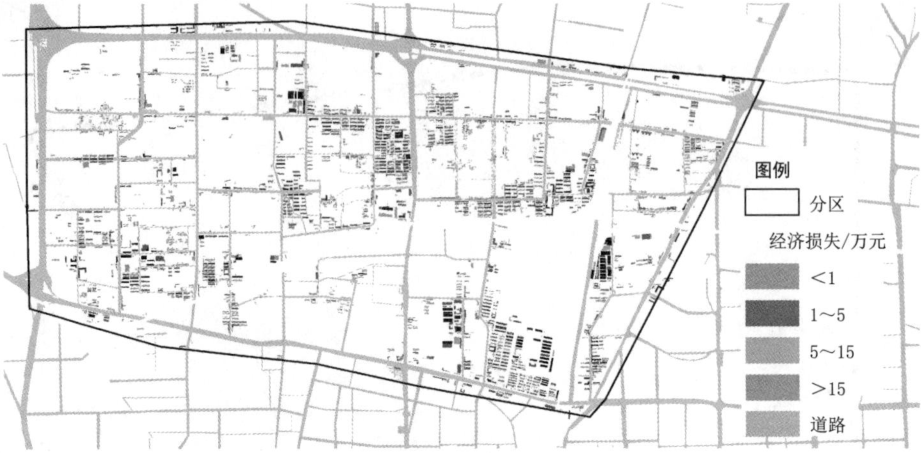

图 7.5 50 年一遇经济损失情况

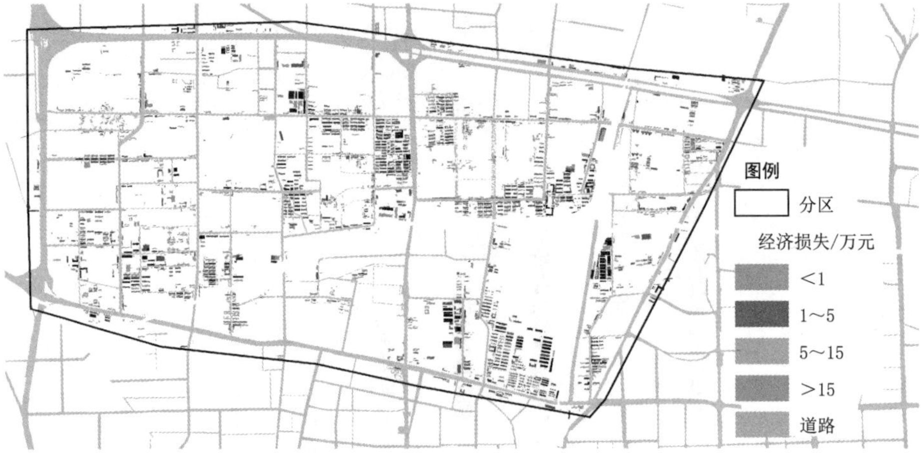

图 7.6 20 年一遇经济损失情况

少内涝积水。②非工程改造措施的应用，则主要针对雨水口堵塞和河道顶托问题：通过雨水口的改造和雨水口附近的落叶及时清理，保证雨水口畅通；河道顶托属于边界性问题，河道水位越高，顶托的影响越明显。根据室外排水设计标准规定，重要区域为避免内涝积水，提高河道水系应对暴雨的能力，可以提前降水位或在河道上游设置闸门或泵站等设施，降低河道水位，从而解决河道顶托。

（3）基于改造措施的居民建筑损失评估。通过水动力模型再次模拟不同重现期下改造措施之后的淹没情况，并与建筑分布、室内财产受损情况相结合，基于 ArcGIS 统计分析，计算不同重现期下的改造内涝灾害损失值，并以 5 年一

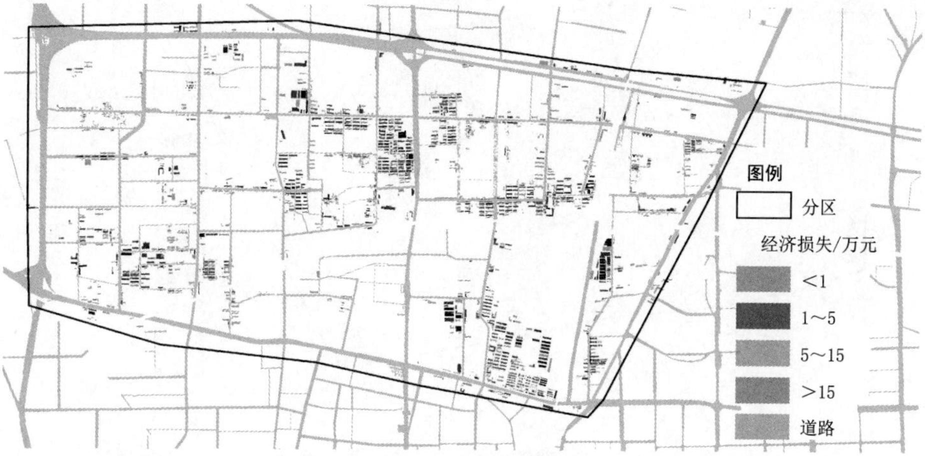

图 7.7　5 年一遇经济损失情况

遇、20 年一遇和 50 年一遇三个重现期为例，进行不同重现期下改造前和改造后居住建筑内涝经济损失情况的对比展示，如图 7.8～图 7.10 所示。并统计了改造前后总损失之间的差异。

基于内涝改造前后的内涝灾害损失评估，计算改造前后各个重现期下的总损失值，通过对改造前后各个建筑经济损失分布情况的对比，发现改造后的各个建筑经济损失均小于改造前的经济损失，可见通过工程与非工程改造措施结合的方式对内涝经济损失有一定效果，通过改造前后各个重现期下内涝灾害总损失的对比，经过改造方案的实施，可降低 20%以上的内涝经济损失（表 7.3）。

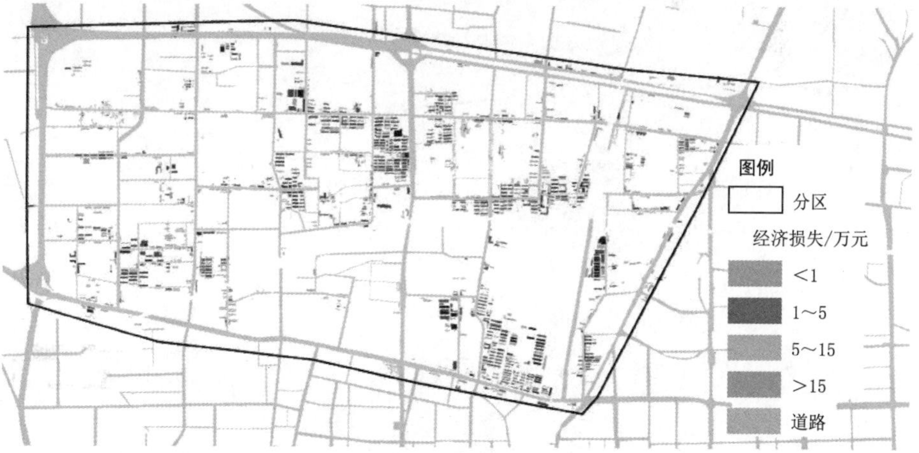

（a）改造前

图 7.8（一）　5 年一遇改造前后内涝损失分布对比

（b）改造后

图 7.8（二） 5 年一遇改造前后内涝损失分布对比

（a）改造前

（b）改造后

图 7.9 20 年一遇改造前后内涝损失分布对比

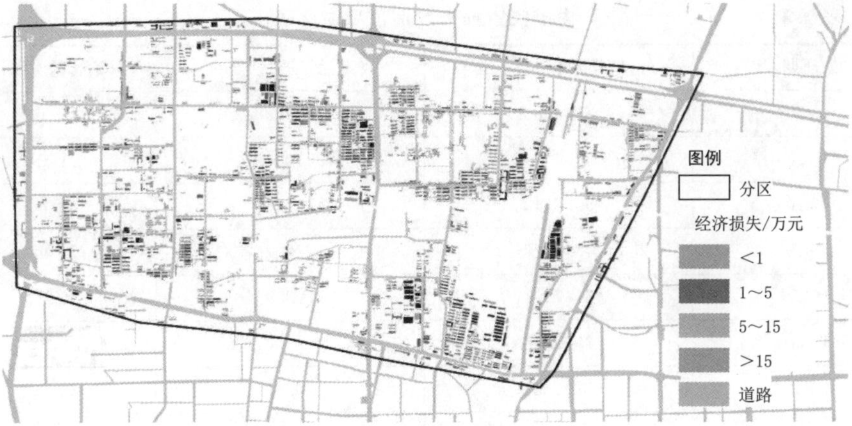

(a) 改造前

(b) 改造后

图 7.10　50 年一遇改造前后内涝损失分布对比

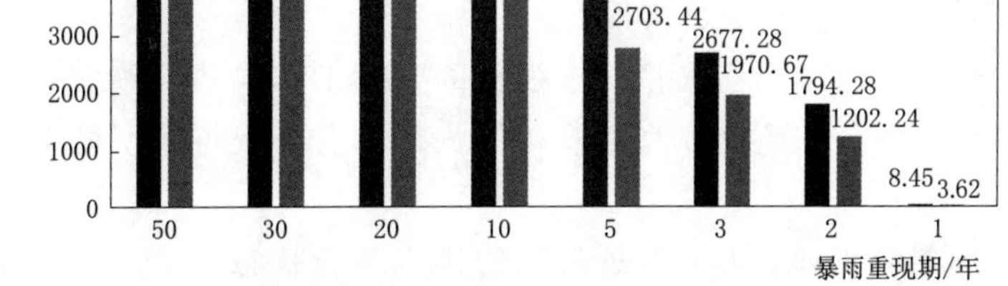

图 7.11　内涝灾害损失改造前后对比图

表7.3 内涝灾害损失改造前后对比表

重现期/年	改造前总损失/万元	改造后总损失/万元	降低比例/%
50	7635.23	6024.38	21.10
30	6594.13	5160.72	21.74
20	6027.40	4727.67	21.56
10	4895.37	3770.26	22.98
5	3647.01	2703.44	25.87
3	2677.28	1970.67	26.39
2	1794.28	1202.24	33.00
1	8.45	3.62	57.14

7.2 沧州市

1. 示范区概况

沧州市主城区面积64.56km^2，主要街道有浮阳南大道、清池北大道、永济路、新华路、解放路、黄河路、朝阳路、民族路、东风路、御河路、署西街、光荣路、维明路等主次干道，主要建筑有同天商厦、中豪家具城、清真北大寺、大化生活二区、欣怡小区、家园小区、市医院等主要建筑，建筑物类型主要是居民区，另外有市场、写字楼、学校、医院等。

所选区域内降水年际变化较大，最大年降水量1160.7mm（1964年），最小年降水量264.5mm（1968年），多年（1956—2011年）平均降水量563.4mm；降水年内分布不均，主要分布在汛期，汛期降水占全年降水的80%左右。

2. 城区内涝模型建立

基础数据包括了沧州市DEM地形图、土地利用规划图以及由沧州市排水管网数据，构建了基础地理数据库，1971—2016年的沧州市降雨数据以及2019年、2020年的沧州市实测内涝点数据，构建了雨情数据库。选用ArcGIS 9.3作为GIS数据处理工具，为了方便数据配准，坐标系选用目前通用的北京1954坐标系，地图投影选中高斯克吕格投影。

在建立沧州市城区内涝模型时，模拟的基础工作包括下垫面信息提取、管网概化、汇水区划分和建立模型信息数据库四部分，获得模型模拟所需要的信息和参数。

在率定模型参数时，为了接近现状的排水系统状态，尽可能选择近年发生的高强度短历时暴雨过程，通过对沧州市近年暴雨成涝资料的分析，选用了

2019 年 7 月 6 日、2020 年 7 月 31 日以及 2020 年 8 月 7 日降雨内涝过程，根据雨量观测条件和模拟计算要求，暴雨过程取 1h 作为 1 个时段。根据三次降雨实测降雨量及观测的积水点积水深度，对产流和汇流参数进行必要调整，使之与实际情况较为吻合。产流参数主要是调整子流域漫流宽度和不透水面积比例；汇流参数则侧重调整糙率。如表 7.4 所示。

表 7.4　　内涝模型主要参数率定结果

参数名称		取值范围
平均坡度		0.01%～0.5%
不透水面积比例		50%～93%
曼宁系数	不透水面积	0.013～0.02
	透水面积	0.24～0.3
填洼量	不透水面积	2～5mm
	透水面积	3～10mm
下渗	最大入渗率	76.2mm/h
	最小入渗率	3.81mm/h
霍顿公式	衰减常数	0.006
无填洼不渗透面积比例		0～50%

将沧州市 2019 年 7 月 6 日、2020 年 7 月 31 日、2020 年 8 月 7 日的内涝计算结果与相应实测的 4 个积水点（署西路工人文化宫、解放路清真寺段、朝阳路北头中豪家具城、御河路化勘家属院段）内涝数据对比来判断模型参数的合理性，内涝比对结果显示沧州市内涝模型的模拟内涝结果与实测内涝状况吻合，基于 GIS 与 SWMM 模型构建的沧州市暴雨内涝模型能够满足沧州市暴雨内涝的研究要求，同时通过流域地形及管网信息与内涝计算结果与实测结果比对可以发现沧州市内涝常发易发的原因。

3. 模拟效果监测

2021 年 7 月 3 日沧州市城区暴雨，0～4 时段累计降雨 65.0mm，根据城区自动雨量站监测数据，同时结合雷达估测降水 QPE 资料，采用曲面插值方法，得到面雨量分布情况，维明路（市医院）、解放路（清真寺）、水月寺大街等地点积水较为严重，平均积水深度在 30～40cm。通过排水管理处提供的积水实测资料，对系统模拟得到的积水深度进行验证，6 个积水点中有 3 处的水深绝对误差在 0.1m 以下，占 6 个积水点的 50%；有 2 处的水深误差为 0.1～0.2m，约占 33%，误差值在 0.2m 以下的共占 83%，与实测水深较为一致，仿真模型的模拟效果有效，具备一定的内涝灾害监测和预报预警能力。

表 7.5 积水点实测水深与模拟水深对比 单位：m

积水点位置	实测水深	模拟水深	绝对误差
维明路（市医院）	0.55	0.42	−0.13
解放路（清真寺）	0.51	0.59	0.08
水月寺大街	0.25	0.15	−0.1
九河路	0.36	0.45	0.09
黄河路立交桥	0.92	1.13	0.21
维明路立交桥	0.58	0.73	0.15

综上，沧州市城区内涝模型在功能实现、模拟精度及运行稳定性等方面都达到了预期设计目标，满足了业务使用需求，可以应用于沧州市内涝预报的业务工作。

7.3 本 章 小 结

城市内涝监测预警技术应用于石家庄市、沧州市取得了良好的效果。

(1) 石家庄市通过预报模拟 2022 年 8 月 8 日降雨，通过匹配降雨的积水结果与实测积水点位的对比分析可见，实测积水点位都位于积水范围之内，相对误差 17.29%，小于 20%。利用中心城区水动力模型的模拟结果，选取城区积水灾害较为严重的地区，进行内涝经济损失评估。通过改造前后各个重现期下内涝灾害总损失的对比，经过改造方案的实施，可降低 20%以上的内涝经济损失。

(2) 沧州市通过对 2021 年 7 月 3 日城区暴雨进行内涝模拟，6 个积水点中有 3 处的水深绝对误差在 0.1m 以下，占 6 个积水点的 50%；有 2 处的水深误差为 0.1～0.2m，约占 33%，误差值在 0.2m 以下的共占 83%，与实测水深较为一致，仿真模型的模拟效果有效，具备一定的内涝灾害监测和预报预警能力。

本章彩图

第8章　结论与建议

8.1 结　　论

（1）本书整理了石家庄地区35个测量站点从1955—2015年的完整日降雨量数据，收集了两种大型的海洋和大气环流模式与两种夏季风指数。以降雨数据和大气指数为基础，分析了石家庄降雨时空和结构变化特征，以及降雨与大尺度大气环流的相关性，有助于了解中国北方典型城市石家庄市的降水特征以及不同地区、不同季节的降水变化，为研究区抗旱防汛措施提供了科学依据，对我国水资源管理具有重要意义。

（2）本书整理了石家庄市主城区收集的河道、城市管网、地形地貌、土地利用、历史降雨积水统计等相关资料，按照建模需求进行处理分析，构建城市内涝模型。以此模型作为基础，构建不同情景的设计降雨，通过模拟构建降雨情景库，将城市内涝仿真技术应用于城市防涝预警体系之中，根据设定情景内涝风险的模拟结果开展防涝预警和应急响应工作，构建城市内涝灾害的综合实时监测预警系统。将模拟结果与石家庄的自然、社会、经济等属性相结合，构建内涝风险评估体系，绘制内涝风险图。通过这些举措，为各级部门防汛减灾提供决策依据，形成一套适用于河北城市流域的洪水风险管理技术方法体系，为今后制定防洪规划、分配防洪减灾力量等工作提供决策依据和技术支持。

（3）本书遵循相关技术规范，有效采集了多源异构的气象、水情、雨情、工情、人口分布、洪涝事件淹没位置流速等数据，植入已建立的综合洪涝模拟模型、洪水风险评估模型，建成了河北城市内涝灾害综合实时监测预警系统。该系统实现了洪水风险“采集、模拟、评估、预警”全过程管理，可推广用于城市内涝灾害监测预警、风险评估、救灾减灾应急措施及灾后评估等业务领域，大大提高防汛应急指挥调度决策的准确性、时效性，一定程度上减轻或减少因洪水导致的财产损失和人员伤亡，将为河北城市流域防汛减灾工作提供决策依据和技术支持，为城市流域防洪减灾决策提供科学依据，具有显著的社会、经济效益。建议将本书建设成果及建设模式广泛地推广应用至各城市智慧水务应用系统建设中，以进一步提高城市防洪管理的科学化、现代化和智慧化水平，增强管理防洪决策速度和水平。

（4）以石家庄市、沧州市为代表，开展了城市内涝灾害监测预警应用系统技术示范，均取得了良好的模拟和预报效果。实现了实测积水点位都位于积水范围之内，相对误差小于20%，通过改造前后各个重现期下内涝灾害总损失的对比，经过改造方案的实施，可降低20%以上的内涝经济损失。

8.2 建　　议

截至目前，城市内涝灾害预警技术在河北省甚至全国还属于一项新兴技术，尽管本书结合河北省实际在城市内涝灾害模拟和监测预警技术等方面已连续开展了多年研究工作，但因受人员能力、时间和经费等条件制约，至少在以下方面有待继续深入开展研究：

（1）城市内涝灾害预警应用系统需进一步优化。城市内涝灾害监测预警应用属水务管理范畴，与民生息息相关。实施内涝灾害预警需要城市水务、气象、城建等有关部门的通力协作。

（2）城市内涝灾害监测预警技术尚缺乏全面系统的研究。石家庄市、沧州市等研究与示范区均属于平原城市，且基础条件相对较好，实施城市内涝灾害预警可以发挥良好的效果。但是，对于其他城市（特别是承德市、张家口市等）内涝灾害监测预警技术有待深入研究。

参 考 文 献

[1] WATKINS L H. The Design of urban sewer systems [M]. London: Department of Scientific and Industrial Research, 1962.

[2] HOLIN A L, KEIFER C J. The hydrology of urban runoff [J]. ASCE, 1958 (85): 47-106.

[3] HICKS W I. A method of computing urban runoff [J]. ASCE Transactions, 1944 (109): 1217-1253.

[4] PAPADAKIS C, PRUEL H C. University of cincinnati urban runoff model [J]. Journal of the Hydraulics Division, 1972, 98 (10): 1789-1804.

[5] TERSTRIEP M L, STALL J B. The Illinois Urban Drainage Area Simulator, ILLUDAS [M]. Urbana: Illinois State Water Survey, 1974.

[6] JORGE GIRONÁS, ROESNER L A, ROSSMAN L A, et al. A new applications manual for the Storm Water Management Model (SWMM) [J]. Environmental Modelling & Software, 2010, 25 (6): 813-814.

[7] KOUDELAK P, WEST S. Sewerage network modelling in Latvia, use of InfoWorks CS and Storm Water Management Model 5 in Liepaja city [J]. Water and Environment Journal, 2007, 22 (2): 81-87.

[8] WANG S, WANG H. Extending the Rational Method for assessing and developing sustainable urban drainage systems [J]. Water Research, 2018, 144: 112-125.

[9] 岑国平. 城市雨水径流计算模型 [J]. 水利学报, 1990 (10): 68-75.

[10] 仇劲卫, 李娜, 程晓陶, 等. 天津市城区暴雨沥涝仿真模拟系统 [J]. 水利学报, 2000 (11): 34-42.

[11] 唐莉华, 吕贤弼, 张思聪. 雨水利用宏观规划模型 [J]. 水利学报, 2010, 41 (10): 1179-1185.

[12] 李志锋, 吴立新, 张振鑫, 等. 利用 CD-TIN 的城区暴雨内涝淹没模拟方法及其实验 [J]. 武汉大学学报 (信息科学版), 2014, 39 (9): 1080-1085.

[13] 侯精明, 王润, 李国栋, 等. 基于动力波法的高效高分辨率城市雨洪过程数值模型 [J]. 水力发电学报, 2018, 37 (3): 40-49.

[14] 薛丰昌, 宋肖依, 唐步兴, 等. 视频监控的城市内涝监测预警 [J]. 测绘科学, 2018, 43 (8): 50-55, 61.

[15] 李小坤, 姜涛, 何嘉莉, 等. 排水管网内涝模拟系统的开发 [J]. 实验室研究与探索, 2016, 35 (2): 67-69, 134.

[16] 梅鹍. 水文监测设备在城市内涝预警中的应用 [J]. 湖南水利水电, 2018 (6): 83-85.

[17] 潘卉, 常辉, 黄清涛. 湖北武汉市城市水文防汛监测预警系统建设探讨 [J]. 中国防汛抗旱, 2015, 25 (3): 68-70.

[18] HATEGEKIMANA Y, YU L, NIE Y, et al. Integration of multi-parametric fuzzy analytic hierarchy process and GIS along the UNESCO world heritage: a flood hazard in-

dex, Mombasa county, Kenya [J]. Natural Hazards, 2018, 92 (2): 1137-1153.

[19] 孙永尚，刘扬，赵军合，等. 北京市内涝积水监测预警系统设计与实现 [J]. 地理空间信息，2015，13 (4)：117-119，14-15.

[20] 叶青. 城市暴雨内涝气象监测预警系统的设计与实现 [D]. 成都：电子科技大学，2012.

[21] 邵鹏飞，赵燕伟，杨明霞. 城市内涝监测预警信息系统研究 [J]. 计算机测量与控制，2016，24 (2)：49-52.

[22] 王玉玺，李硕. 基于 GIS 和 RS 的城市内涝监测预警系统 [J]. 洛阳理工学院学报（自然科学版），2013，23 (4)：64-65，74.

[23] 位路阳. 基于 WebGIS 的郑州市区暴雨洪水预警系统设计与实现 [D]. 郑州：郑州大学，2017.

[24] 景学义，刘宇飞，王永波，等. 哈尔滨市城市内涝监测预警系统建设 [J]. 灾害学，2009，24 (1)：54-57.

[25] 杨东，侯精明，李东来，等. 基于扩散波方法的管网排水过程数值模拟 [J]. 中国给水排水，2020，36 (15)：113-120.

[26] 王清川，寿绍文，许敏，等. 廊坊市暴雨洪涝灾害风险评估与区划 [J]. 干旱气象，2010，28 (4)：475-482.

[27] 王林，秦其明，李吉芝，等. 基于 GIS 的城市内涝灾害分析模型研究 [J]. 测绘科学，2004 (3)：48-51，6.

[28] 陈波，冯光柳. 武汉城市强降水内涝仿真模拟系统研制 [J]. 暴雨灾害，2008，27 (4)：330-333.

[29] BARCO J, WONG K M, STENSTROM M K. Automatic Calibration of the U. S. EPA SWMM Model for a Large Urban Catchment [J]. Journal of Hydraulic Engineering, 2008, 134 (4): 466-474.

[30] 薛春芳，王建鹏，薛荣，等. 基于 GIS 的西安城市强降水内涝预报预警系统 [J]. 陕西气象，2008，255 (3)：6-9.

[31] 魏军，陈笑娟，胡会芳，等. 基于道路交通的石家庄市强降水内涝风险评估 [J]. 湖北农业科学，2021，60 (2)：66-71，81.

[32] 尹占娥，许世远，殷杰，等. 基于小尺度的城市暴雨内涝灾害情景模拟与风险评估 [J]. 地理学报，2010，65 (5)：553-562.

[33] 苏伯尼，黄弘，张楠. 基于情景模拟的城市内涝动态风险评估方法 [J]. 清华大学学报（自然科学版），2015，55 (6)：684-690.